U0052947

8個 你不可不知的海洋議題

吳靖國　主編

嚴佳代　沈玫姿　林鳳琪　高淑玲
陳正昌　黃素真　葉宏毅　黎美玉
蔡仲元　謝文順　著

卞鳳奎　李健全　邵廣昭　林谷蓉
胡健驊　張正杰　黃向文　謝玉玲
簡連貴　審閱

三民書局

國家圖書館出版品預行編目資料

8個你不可不知的海洋議題／吳靖國主編；嚴佳代,沈玫姿,林鳳琪,高淑玲,陳正昌,黃素真,葉宏毅,黎美玉,蔡仲元,謝文順著；卞鳳奎,李健全,邵廣昭,林谷蓉,胡健驊,張正杰,黃向文,謝玉玲,簡連貴審閱.－－初版一刷.－－臺北市：三民,2019
面； 公分

ISBN 978-957-14-6520-3 (平裝)

1.海洋學 2.海洋環境保護 3.環境教育

351.9 107019976

© 8個你不可不知的海洋議題

主　　編	吳靖國
著 作 人	嚴佳代　沈玫姿　林鳳琪　高淑玲 陳正昌　黃素真　葉宏毅　黎美玉 蔡仲元　謝文順
審　　閱	卞鳳奎　李健全　邵廣昭　林谷蓉 胡健驊　張正杰　黃向文　謝玉玲 簡連貴
責任編輯	葉嘉蓉
美術設計	陳智嫣
發 行 人	劉振強
著作財產權人	三民書局股份有限公司
發 行 所	三民書局股份有限公司 地址　臺北市復興北路386號 電話　(02)25006600 郵撥帳號　0009998-5
門 市 部	(復北店) 臺北市復興北路386號 (重南店) 臺北市重慶南路一段61號
出版日期	初版一刷　2019年1月
編　　號	S 830720

行政院新聞局登記證局版臺業字第〇二〇〇號

ISBN 978-957-14-6520-3 (平裝)

http://www.sanmin.com.tw 三民網路書店

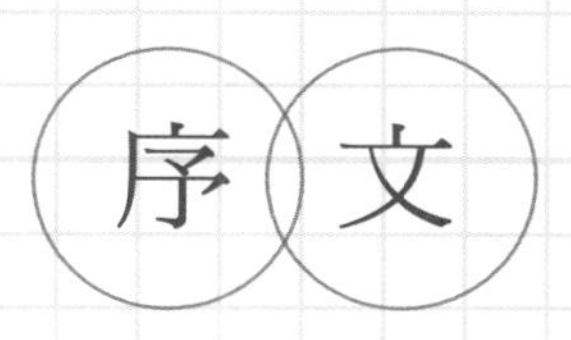

序文

海洋素養的推動，是當前國際海洋教育發展的重點。

1966 年美國國會通過海援計畫 (Sea Grant Program)，1970 年成立國家海洋及大氣總署 (National Oceanic and Atmospheric Administration, NOAA) 進一步接管與推展海援計畫。2005 年 NOAA 與國家海洋教育者協會 (National Marine Educators Association, NMEA) 共同制定出美國的海洋素養架構 (Ocean Literacy Framework) 及內涵，進而促發 2011 年歐洲海洋科學教育者協會 (European Marine Science Educators Association) 及 2015 年亞洲海洋教育者協會 (Asia Marine Educators Association) 的成立。另外，1984 年成立的澳洲海洋教育學會 (Marine Education Society of Australasia) 也受到 NMEA 影響，進而在 2007 年成立環太平洋海洋教育者網絡 (International Pacific Marine Educators Network)。也就是說，從美國、歐洲、亞洲、澳洲到環太平洋國家，一致以「海洋教育者」來整合發展力量，形構出國際間推展海洋素養的共同氛圍。

臺灣的起步有些晚，但在推動的組織架構上卻顯得相當具有系統性。關鍵在於 2007 年教育部頒布《海洋教育政策白皮書》後，不但協助各地方政府設置海洋教育資源中心，更進一步設立「高中海洋教育資源中心」，以及統整與規劃全國海洋教育發展的「臺灣海洋教育中心」。臺灣海洋教育中心於 2015 年起聯合各縣市推動海洋素養，2018 年進行第一次全國海洋素養調查，將發展面向從國小、國中延伸到高中及社會教育，並透過「海洋教育者培訓計畫」研發與推動三階段系統課程，逐步建置出屬於臺灣自己的海洋教育發展體系，也漸漸成為亞洲地區發展海洋教育的重要基地。更於 2018 年 10 月 1 日至 5 日，繼澳洲 (2008)、斐濟 (2010)、智利 (2012)、日本 (2014)、印尼 (2016) 之後，由臺灣主辦「2018 環太平洋海洋教育者國際研討會」。

國際海洋教育者逐漸關注臺灣的推動方式，讚譽聲出現之際，我們更應該誠懇省察自身的實際情形和可能問題。可以這麼說，臺灣十年海洋教育的推展只是在萌芽階段，促動了教育之後，更要有「百年樹人」的思維和準備，從學校延伸到家庭、擴展到社會，一點一滴讓海洋在文化底蘊裡著根，才可能真正讓人與海洋擁有永續和諧的互動關係。

對臺灣來說，海洋同時具有本土性與國際性。臺灣的歷史發展、政治背景、自然環境與人文韻味，皆與海息息相關。若有意識的透過教育歷程讓所有人從小接觸海洋，在語言、人際、文化、經濟、法律等各方面產生更寬廣的視野，才不致封閉於小島，而得以立基本土、走向世界。透過家庭、學校、社會共同推展海洋素養，能讓我們經由海洋走進國際，思維和生涯不被陸地局限，進而擁有更開闊的眼界及未來。

吳靖國

8 個你不可不知的

海洋議題

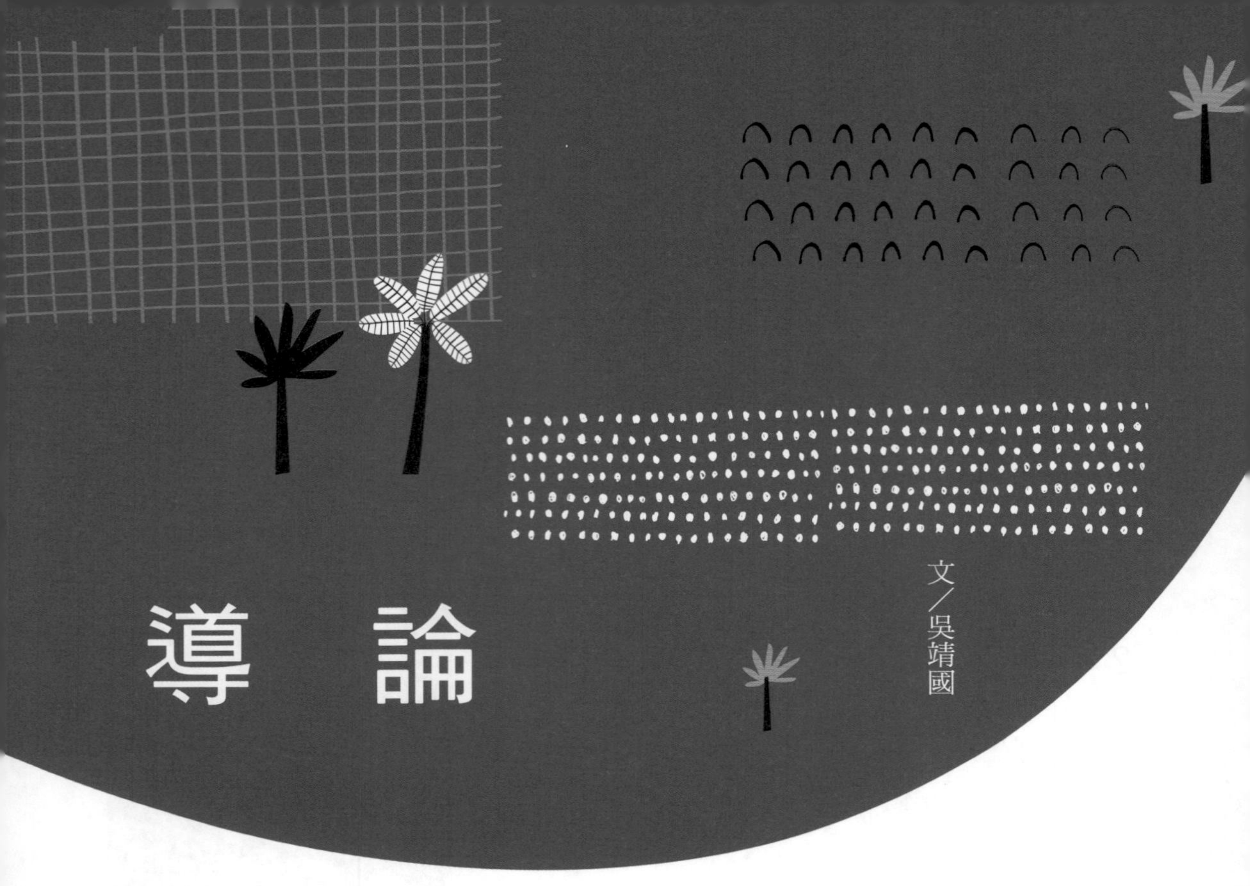

導論

文／吳靖國

海洋教育成為國內重要教育政策

臺灣面積約 36000 平方公里，是一個大型島嶼，周遭被海洋圍繞著，海洋遂成為民眾賴以生存的自然環境與經濟發展基礎。在我們的食衣住行育樂各方面，原本都應該蘊含濃厚的海味兒，實際上卻不然。大多數人並沒有真實感受到自己的生活與海洋有什麼關連，也沒能覺察自己的行為到底會怎麼影響海洋。這種情形的主要原因在於長期政治因素對於海岸管理造成的影響，加上教育發展體系裡沒有將海洋突顯出來，缺乏在生活中引導從小親近海洋、認識海洋，使多數人的成長歷程與海洋是疏離的。由於不了解海洋，加上過去科技較不發達，無法掌握海洋的變化，因而有許多海難，經由媒體報導加劇了民眾對海洋的恐懼。因為疏離與恐懼，而更加不了解海洋。這樣持續的循環結果，不但局限了國家在海洋政策上的發展，進而影響國人投身海洋產業的意願，也影響臺灣在國際海洋上的競爭力。

要透過教育，才能轉變認知、改善生活、提升競爭力。由於社會環境的改變，教育部在 2007 年公布《海洋教育政策白皮書》，正式宣示海洋教育納入教育體系，啟動了二期共八年的「海洋教育執行計畫」，讓海洋教育成為九年一貫課程的重大議題，同時協助各縣市成立海洋教育資源中心。2013 年設置的「臺灣海洋教育中心」，協助教育部規劃與推展更具整體性與持續性的海洋教育。並在十二年國教的政策發展下，於 2017 年公布新修訂的《海洋教育政策白皮書》，不但以「海洋素養」為推動主軸，更進一步正式將海洋教育議題納入高中教育階段。

以教育為起點，提升全民海洋素養

《海洋教育政策白皮書》中有二個主軸：一是海洋普通教育，另一是海洋專業教育，從圖 1 可以看出二者的推動範圍與重點。

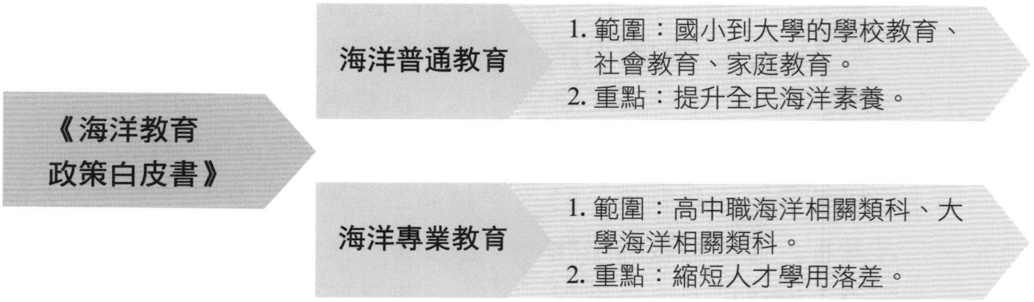

《海洋教育政策白皮書》

海洋普通教育
1. 範圍：國小到大學的學校教育、社會教育、家庭教育。
2. 重點：提升全民海洋素養。

海洋專業教育
1. 範圍：高中職海洋相關類科、大學海洋相關類科。
2. 重點：縮短人才學用落差。

圖 1　《海洋教育政策白皮書》的發展主軸（資料來源：吳靖國，2016）

這十年來，在全民海洋素養的發展上，逐漸從國小、國中教育階段開始認識所處環境，也結合體驗教學活動而促發了海洋休閒觀光產業的發展。就高中海洋教育來看，在 101 學年度設置的高中海洋教育資源中心，由原本的高中地球科學學科中心轉型而來，設置之後一直以培養各學科海洋教育種子教師為重點，主要在研發與推廣教案。除此之外，高中教育階段並沒有較明顯的推動情形。直到這三年來，因應教育部的十二年國教政策及大學社會責任發展，各大學開始嘗試從自身專業領域向高中教育扎根，因而有了大學協助高中學校推動海洋教育的案例，主要有下列二種情形：

第一、大學協助高中開設海洋探索課程：由國立臺灣海洋大學（簡稱「臺海大」）與基隆市、新北市部分高中職學校建立合作關係，協助發展海洋課程，並提供教師增能工作坊、開設「海洋探索」先修課程（在學期末通過考核之學生給予學分證明，在未來考入臺海大就學後可抵免博雅課程二學分）。修習課程後，除了強化海洋素養，也可以先了解相關大學科系，擴大適性系所及未來職業選擇的可能性。

第二、研發與推廣高中海洋課程模組：臺灣海洋教育中心（設置於「臺海大」）與高中海洋教育資源中心（設置於「新店高中」）於 2015 年正式建立合作聯盟，共同推動高中海洋教育。因應十二年國教推動進程，自 2016 年開始進行高中海洋課程模組的研發。

從高中教育銜接到大學教育的歷程，應該在生涯發展方面有適度連結。試探對海洋的興趣，不但是開展多元視域的契機，也能讓對海洋有興趣者進一步發展相關能力，而有機會嘗試往海洋專業領域發展。這將為臺灣未來在海洋領域人才的發展上，注入一股充沛的新能量。

就《海洋教育政策白皮書》的

內容來看，整體的發展重點在於提升全民海洋素養，在政策推動上並非只關注學校教育，而是進一步整合家庭與社會教育，連結社教機構、民間團體、企業組織等，共同形塑海洋教育環境，讓海洋思維植根於生活與文化中。

八個海洋核心議題的形成

海洋的範疇十分龐大，對應人類知識結構的劃分，大致可分為自然海洋（水體、地質、氣候、動植物、生態等科學探究）、社會海洋（產業、科技、經濟、保育等生活應用）、人文海洋（文化、藝術、宗教、文學、美感等心靈啟發）三個大領域。再對應教育目標，則分別在於增進邏輯思維、關係互動、靈性感悟等能力。

教育部在 2008 年公告的九年一貫海洋教育課程綱要，將海洋教育劃分為五個主題軸。接續十二年國教將海洋教育列為四大重要議題之一後，國家教育研究院公告了「海洋教育實質內涵」，以作為將海洋教育融入各領域課程綱要的依據。其主題軸由九年一貫課綱延伸而來，微調後成為「海洋休閒」、「海洋社會」、「海洋文化」、「海洋科學與技術」、「海洋資源與永續」五個主題軸；並依國小、國中、高中三個階段訂定「實質內涵」。

目前教育部公告的海洋教育五大主題軸已經逐漸成為全國推動海洋素養的依據，各級學校教師教學設計、海洋素養調查命題、社教機構設計海洋相關活動、學術機構研究海洋教育問題等，都會參考五大主題軸架構。故本書參照五大主題軸，並對應當前臺灣及國際共同關注的海洋重要問題，進一步形構出八個海洋核心議題，包含：

海洋休閒主題軸的「海洋休閒——你知道怎麼玩海洋嗎？」

海洋社會主題軸的「海權——『島』與『礁』的差別在哪裡？」

與「海洋產業——海洋工作只有漁業和海運？」

海洋文化主題軸的「海洋文化——臺灣有海洋文化嗎？」

海洋科學與技術主題軸的「海流——為什麼會形成太平洋垃圾島？」與「氣候變遷——美麗的馬爾地夫會被海水淹沒嗎？」

海洋資源與永續主題軸的「海洋能源——海邊為什麼會有超大電風扇？」與「資源永續——海鮮，你吃對了嗎？」

各核心議題的主標題是希望讓讀者獲得的完整內容，而副標題則是引發興趣和導引進入主題的起點。例如「海洋能源——海邊為什麼會有超大電風扇？」中，「海邊為什麼會有超大電風扇？」副標題是從離岸風電來引發閱讀的興趣，藉由這個起點進一步導引進入海流發電、潮汐發電、溫差發電、鹽差發電等整體海洋能源的發展概述。

由於八個海洋核心議題分散於不同領域，難以由一位海洋領域專家統合撰寫，加上內容必須適合大眾閱讀，撰寫者不但要了解國內海洋素養推動情形，更要兼顧實務與學術，故本書邀請長期在高中海洋教育資源中心研發與推廣海洋教育的種子教師們擔任撰寫者。希望誕生符合海洋教育實質內涵，也適合大眾自行閱讀增能的書籍。

撰寫者包含：體育專長謝文順老師與地理專長黃素真老師共同撰寫「海洋休閒」主題，公民與社會專長高淑玲老師撰寫「海權」主題，歷史專長林鳳琪老師撰寫「海洋文化」主題，地球科學專長陳正昌老師撰寫「海流」主題，地球科學專長蔡仲元老師撰寫「氣候變遷」主題，自然專長葉宏毅老師撰寫「海洋能源」主題，地理專長沈玫姿老師撰寫「資源永續」主題。由於這些種子教師彼此進行跨領域學習及研發教案，因此對於自己的撰寫主題與其他主題之間的關係也能相互了解和交流。另外「海洋產業」主題，由於沒有對應專長的高中教師，故特別邀請國立臺灣海洋大學教育研究所嚴佳代助理教授與高中輔導專長黎美玉老師共同撰寫，以期從海洋職涯的角度提供讀者認識海洋產業發展。

各主題內容必須考量專業知識的正確性，因此撰稿者完成初稿後，進一步依八個海洋核心議題對應邀請專業領域的大學教授進行審查，所提供的意見交由撰稿者進行整體思考、修正，以期讓本書達到專業知識的正確與使用程度的適切。

期待本書展現多元應用的價值

依國內目前的情形來看，高中已逐漸發展出跨領域課程，「海洋」可能成為學校特色課程、擴展學習視域，正是本書積極提供的教學參考基礎：在應用上可以作為校訂必修與多元選修的教材，也可以因應學期中可用節數及各校實際需求，擇取書中某些議題，成為某一科目或領域中單元教學的一部分。

除了高中教育之外，國內中小學教師在推動海洋教育時，往往苦於沒有正確且具系統性的參考內容，本書恰好可以提供中小學教師進一步轉化為海洋教學活動設計的材料。再者，臺灣海洋教育中心近年來開始協助各縣市海洋教育資源中心培養在職教師成為海洋教育者，以及規劃將海洋素養融入師資培育職前教師的養成歷程，甚至其他國內海洋教育相關社教機構、NGO 團體的海洋志工訓練，本書也可以作為參考。最後，面對大眾，本書更可以是獲得海洋新知、了解海洋職涯的途徑。

書籍誕生之後，就有了自己的生命力，而這個生命力的多元展現乃是與讀者共同形構而出。讀者愈是充分多元的運用，也就愈是讓本書展現豐富多彩的存在價值。

1

海洋休閒

你知道怎麼玩海洋嗎？

文／黃素真、謝文順
審閱／林谷蓉

我休閒故我在

休閒 (leisure) 一詞源自拉丁文的 licere，意指「被允許」或「自由」，有休息、休養、暫停勞動的意思。依個人意願選擇從事各項活動，以得到休息、自我充實及愉悅滿足感，就是休閒。

根據美國社會心理學家馬斯洛 (Abraham Harold Maslow) 的需求層次理論 (Maslow's Hierarchy of Needs)，工作賺錢以維持生活所需的開銷，為較低層次的生理、安全需求，而「休閒」則是屬於較高層次的需求。我們可以從自由選擇的休閒活動中獲得放鬆、愉悅、歸屬、理解、尊重和自我實現等需求滿足。

現今人們生活在網際網路勃發的世代，虛擬世界中的社交生活或許相當活躍，但也需要真實世界的人際互動或情緒出口。正當的休閒生活，可以抒發壓力、排解負面情緒、結交志同道合的朋友、提高生活品質、促進身心健全發展。

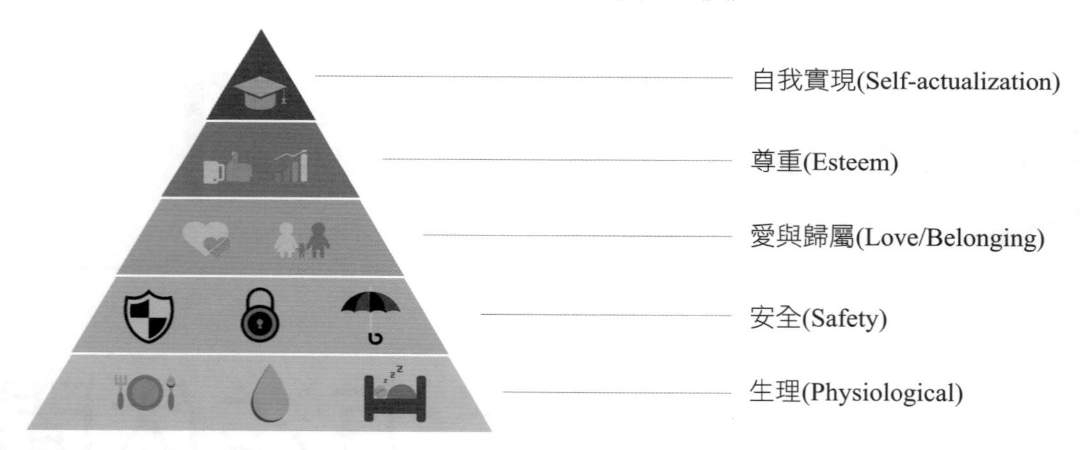

圖 1–1　馬斯洛需求層次理論——馬斯洛在 1943 年首次提出人類需求理論，後於 1954 年《動機與人格》(*Motivation and Personality*) 一書中對該理論進行了更完備的闡述，將人類需求由低至高分為生理、安全、愛與歸屬、尊重、自我實現五個層次。在其晚年又將此理論提升至七個層次：於自我實現之下增加了知 (Need to Know) 與美的需求 (Aesthetic Needs)，並將較低的前四層歸類為基本需求 (Basic Needs)，較高的後三層歸類為成長需求 (Growth Needs)。

海洋休閒活動類型

運動型	遊憩型	觀光型
游泳、長泳	海水浴場（日光浴、戲沙、玩水等）	海岸景觀觀光
潛水	親水碼頭	魚市、漁港、漁村觀光
衝浪	海洋主題樂園	海島觀光
滑水	海濱公園（露營、散步、觀海等）	海洋城市觀光
獨木舟、划船	海釣體驗	遊艇、渡輪、郵輪觀光
站立式划槳	潮間帶活動	海洋產業觀光
帆船、風帆	海洋博物館、水族館	海洋生態觀光
遊艇、動力小艇	海鮮美食、購物	
水上摩托車		
沙灘排球		

圖 1–2　海洋休閒活動基本分類及舉例

悠遊戲海玩什麼

休閒活動可分為運動、遊憩娛樂與觀光旅遊三大類型。透過喜好的運動達到身體健康、心理幸福滿足的狀態，為「運動型休閒」；在工作閒暇之餘，藉由娛樂活動達到愉悅放鬆，則是「遊憩娛樂型休閒」；而利用假期從事短暫的旅遊行程，吸收新知、體驗新鮮的生活方式，為「觀光旅遊型休閒」。

海洋，是人類從事休閒娛樂的重要場所。海洋休閒是指利用海洋、海濱等環境從事有益身心的休閒活動，按活動的內容亦可分成「運動型」、「遊憩型」以及「觀光型」三大類。無論是在海上從事運動、觀光賞景，或是在岸上遊覽漁港漁村、參訪海洋相關博物館等，只要能從與海洋相關的各類活動中獲得身、心、靈的舒展，皆屬於海洋休閒的領域。以下就按活動類型來一窺海洋休閒活動有哪些吧！

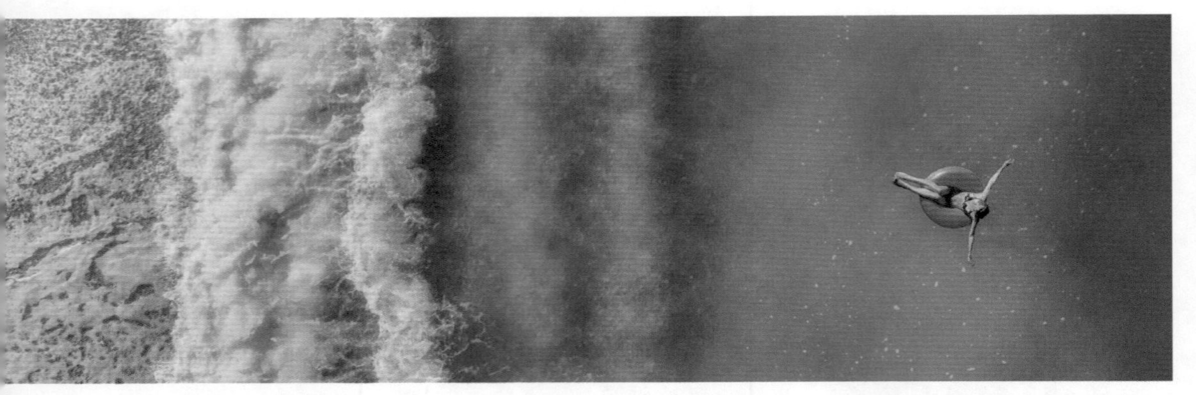

圖 1–3　在土耳其歐魯坦尼斯 (Oludeniz) 海上使用泳圈優游的遊客——遇上暴風雨也平靜無波的歐魯坦尼斯被稱為土耳其的「死海」(Dead Sea)，正式名稱是藍色潟湖 (Blue Loogon)，為世界著名水肺潛水地點之一。

運動型海洋休閒活動

游　泳

游泳 (Swimming) 是男女老幼都適合的海洋活動項目之一。人類祖先透過觀察並模仿魚類、青蛙等動物，學會了在水中游泳的技能。發展至今，游泳基本上可分為實用游泳和競技游泳二大類，舉例如右圖。

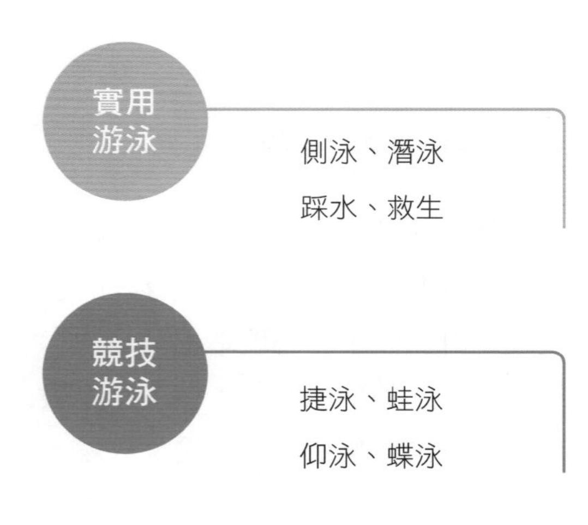

圖 1–4　游泳基本分類及舉例

游泳的裝備相對簡易，只需要「游泳三寶」——泳衣、泳鏡、泳帽三樣配備。但在開放水域游泳時，面對較難預期的波浪、暗流，攜帶魚雷浮標、浮力衣等可以提高安全性。此外，判斷海流方向、遠離沿岸流也是必備常識。

潛　水

潛水 (Diving) 包含浮潛 (Snorkeling)、自由潛水 (Free-Diving)、水肺潛水 (Self-Contained Underwater Breathing Apparatus, SCUBA) 三種方式。

國際間有許多潛水組織（見圖 1–6）提供教學課程，通常年滿十二歲以上的青少年就可以學習開放水域的水肺潛水，通過技術考核、取得潛水證照後，在有專業認證的教練陪同下進行潛水。熟悉裝備的操作方式、謹守潛水安全規範，就能享受海中優游的樂趣。

浮潛

一般人最常接觸的潛水運動。

設備

只要面鏡、呼吸管、浮力衣，便能在淺海欣賞水中景觀。

自由潛水

長時間在水中閉氣的潛水方式，必須經過呼吸屏息訓練。

設備

不攜帶水下供氧設備。

水肺潛水

需要特殊裝備及操縱技巧，經過訓練才可進行。

設備

面鏡、呼吸管、潛水衣、蛙鞋、浮力調整裝置、水肺氣瓶、調節器、綜合儀錶等。

圖 1–5　潛水基本分類

國際潛水組織

CMAS
Confederation Mondiale des Activities Subaquatique

國際水中運動聯合會
1959年成立
總部位於義大利羅馬

NAUI
National Association of Underwater Instructors

國際潛水教練協會
1959年成立
總部位於美國佛羅里達州

PADI
Professional Association of Diving Instructors

專業潛水教練協會
1966年成立
總部位於美國加州

SSI
Scuba Schools International

國際水肺潛水學校
1970年成立
總部位於美國科羅拉多州

ADS
Association of Diving School International

國際潛水學校聯盟
1980年成立於日本

圖 1-6　國際著名潛水組織舉例

圖 1–7　在大海穿梭的潛水者們——由上至下分別為：浮潛、自由潛水、水肺潛水。

圖 1–8　衝浪客與各式衝浪板——圖中衝浪者使用的衝浪板為尖尾 (Pintail) 板型，幾乎所有大浪專用的衝浪板如槍板，都是此種板尾設計，適合用於大而捲的浪。

衝　浪

衝浪 (Surfing) 起源於海洋民族玻里尼西亞 (Polynesia) 的古老文化。1760 年代，歐洲探險家記錄了大溪地人、夏威夷人的衝浪活動，酋長們以衝浪特技來取得領導威信。

衝浪的主要配備是衝浪板及繫在腳上的安全繩。為適合不同浪況與動作需求，有不同的浪板型式，基本上可分為短板 (Shortboard)、長板 (Longboard)、槍板 (The Gun) 三種。

臺灣四面環海，有許多適合衝浪的地點，例如新北金山沙珠灣、宜蘭頭城蜜月灣、外澳、屏東墾丁南灣等，都是著名的衝浪地點。衝浪勝地附近的店家多半是衝浪俱樂部兼營衝浪店，招收會員並販賣或出租衝浪用品、提供衝浪者簡易住宿等。目前全臺灣衝浪俱樂部約有三十家，主要分布於金山、頭城、墾丁一帶。

短板

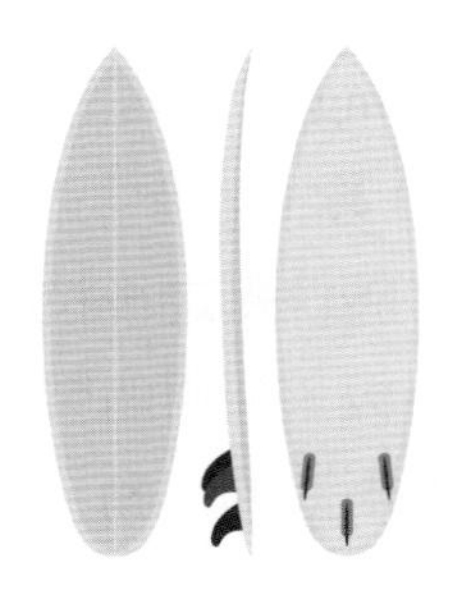

又稱技術板，靈活度較高，適合用於特殊技巧。

長板

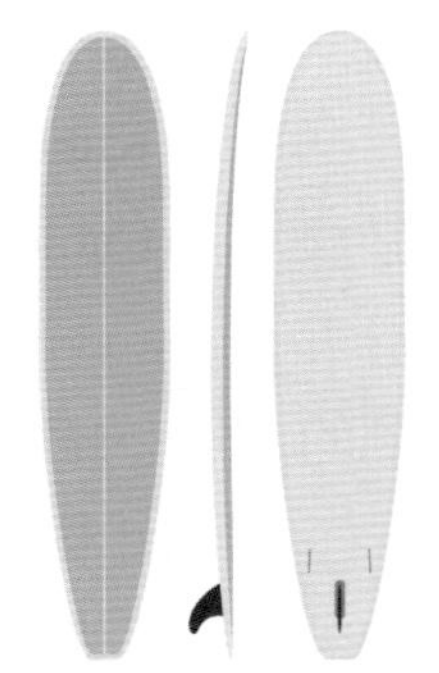

長且寬，沉重但穩定性較佳，通常是新手的第一個衝浪板。

槍板

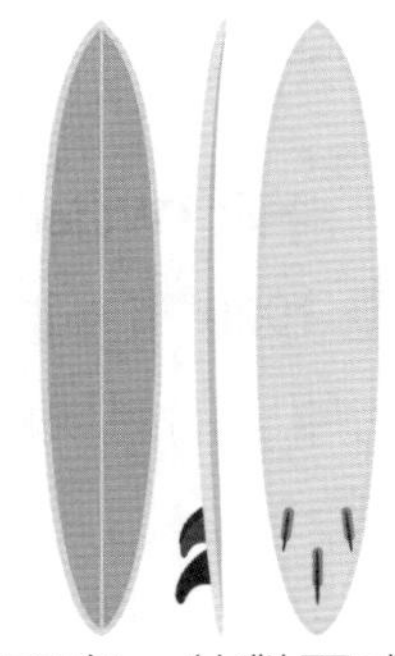

長而窄，針對夏威夷巨浪所研發的形式，專門應付巨浪。

圖 1–9　衝浪板型式

圖 1–10　模里西斯島 (Mauritius Island) 的風箏滑水者們——模里西斯位於印度洋 (Indian Ocean) 西南方，為世界著名的風箏滑水地點。

滑　水

滑水 (Waterskiing) 最初起源據說是 1920 年一群法國軍人帶著滑雪板行軍，看見快艇呼嘯經過而得到的靈感。

目前發展為一項競技性運動，也可作為休閒性運動。近年來滑水運動發展出許多新型態，如寬板滑水 (Wakeboarding)、風箏滑水 (Kiteboarding/Kitesurfing)、纜繩滑水 (Cable Wakeboarding) 等。

滑水起初是在一艘快艇之後拉著一條繩子，連接衝浪板，利用船製造出來的尾浪來玩類似衝浪的活動，因此也稱為衝浪滑水。後來隨著器材的改良及玩法的演進，形成現在如同寬板滑雪般的寬板滑水。

風箏滑水的動力來源為風力，將大約 9 至 14 公尺寬的風箏放上天空，利用風箏的動力帶動、控制滑水板的速度和方向。

纜繩滑水則是以固定的電動纜繩作為動力，來回拉動滑水，安全且環保。臺灣新北微風運河與高雄蓮池潭皆有纜繩滑水場地。

獨木舟與站立式划槳

獨木舟可分為開放式 (Canoe) 和封閉式 (Kayak) 二種，可在海洋、湖泊、激流等各種水域划行，亦可結合其他運動進行競賽，如獨木舟水球、獨木舟風帆、獨木舟衝浪等，是一項多元化運動。

近年獨木舟運動在臺灣逐漸風行，基隆、蘇花、琉球嶼、墾丁海岸等，都有許多業者經營海洋獨木舟體驗行程。在專業教練帶領下，划著獨木舟在海上輕鬆優游，從另一種角度欣賞岸上風光，別有樂趣。

艇面呈開放式，使用單葉槳划水的輕艇，適合置拿物品。

例｜印地安人的小舟。

包覆性船艙、封閉式艇面，使用雙葉槳划水，可以保溫或阻擋波浪侵襲。

例｜愛斯基摩人的皮划艇。

圖 1–11　獨木舟基本分類及舉例

此外，還有一種站立式划槳板 (Stand Up Paddle, SUP)，也可稱為「衝浪舟」、「立槳衝浪板」或「槳板」。SUP 的用途很多，可以當衝浪板、獨木舟等，有些 SUP 板可以接上風浪板的帆，當成風浪板使用。藉由浮水面積大及划槳的輔助，SUP 板比衝浪板穩定，操作方式簡單，容易上手。可以一個人划，也可以多人一起玩，適合各種水域，因此有人稱它是「水上腳踏車」。

獨木舟與 SUP 的一大問題是體積都不小，移動、搬運上比較吃力。因此有廠商開發出折疊式獨木舟及充氣式 SUP，收起來都只有一個背包大小，提供愛好者更便利的選擇。

圖 1–12　泰國普吉島 (Phuket) 奈漢 (Nai Harn) 海上的 SUP 划槳者們

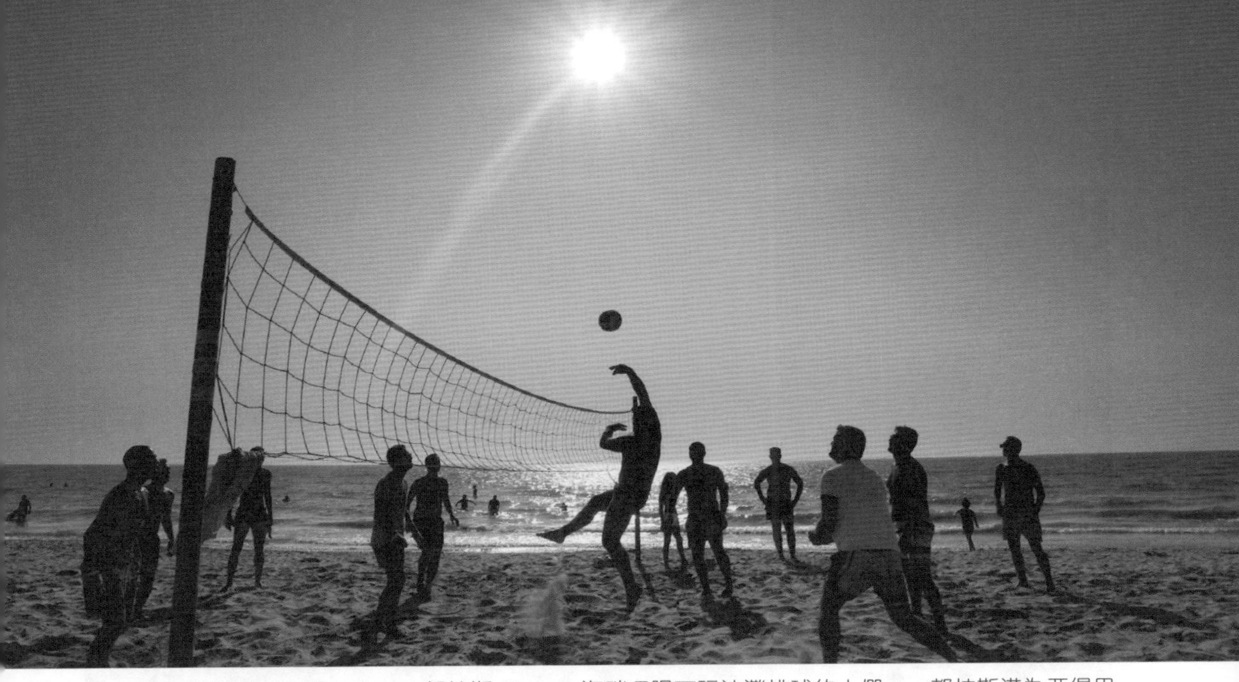

圖 1–13　在阿爾巴尼亞 (Albania) 都拉斯 (Durres) 海畔夕陽下玩沙灘排球的人們——都拉斯港為亞得里亞海 (Adriatic Sea) 沿岸最大海港之一，將都拉斯市與義大利及周圍國家連接起來。

沙灘排球

沙灘排球 (Beach Volleyball) 起源於美國加州，後傳入歐洲，於 1996 年正式納入奧運比賽項目。沙灘排球可在天然或人工建置的沙灘上進行，每隊只有二名選手，不替換球員。每位選手的競賽活動範圍比室內排球更廣泛、所需要的技術更多樣，加上在沙地上跳躍與移動比在硬地上更耗體能，因此運動強度更大。就一般人而言，有沙灘處即可玩沙灘排球，未必要完全遵照正式規則進行，只要能在活動中達到愉悅放鬆、運動健身的效果即可。

確定環境的安全與設備的齊全，是從事海洋運動最重要的步驟，任何海洋活動都必須配合著風、浪、流、潮汐決定如何行動。應在安全無虞的環境中，按照自己的身體狀況與經濟能力，選擇合適的海洋運動，享受親近大自然的愉悅，或發展運動技能，達到自我滿足與實現的目的。

圖 1–14　臺灣著名海洋遊憩觀光景點——屏東琉球嶼，俗稱小琉球。在黑潮支流影響下，琉球嶼擁有全臺最高年平均海溫，孕育了千種珊瑚礁，為臺灣冬季最適合進行浮潛等海上休閒活動的地點之一。圖右花瓶石是琉球嶼著名地標，其鄰近海域為保護區，是浮潛的絕佳地點，潛水客有機會與綠蠵龜共游。

遊憩型與觀光型海洋休閒活動

遊憩型休閒與觀光型休閒依個人的動機、需求等或有可能重疊，例如在潮間帶活動，可以得到娛樂放鬆的效果，也可能是為了觀察生態、汲取新知；對本地居民來說可能是日常餘興活動，對外地遊客而言卻是一種觀光活動，因此一併介紹。

蓬勃發展的海洋遊憩觀光

1960 年代起，全球海洋遊憩觀光休閒除了以「陽光、沙灘、海水」為傳統重點之外，也增加了各種新的旅遊需求，帶來海洋休閒產業的迅速發展。

臺灣四周環海，本島海岸線長約 1200 公里，另有一百多個離島，海岸資源豐富。1987 年解嚴後，海岸水域使用規定鬆綁，休閒場所日益增

圖 1–15　臺灣宜蘭頭城外澳的衝浪戲水客們——外澳沙灘位於宜蘭頭城烏石港旁，由於地形使海浪容易成形，加上雪山隧道帶來交通之便等因素，成為臺灣著名衝浪勝地之一。

加，休閒活動也逐漸多樣化。有海水浴場（如屏東墾丁南灣、宜蘭外澳、澎湖吉貝嶼）可以戲沙、玩水、衝浪、搭乘香蕉船、駕乘水上摩托車；有海洋主題遊樂園（如花蓮遠雄海洋公園）結合遊憩、賞景、親近海洋生物等功能；有親水碼頭（如新北淡水漁人碼頭、嘉義東石漁人碼頭）或海濱公園（如花蓮太平洋地景公園、金山海濱公園）可以散步、觀海；也有觀光魚市（如基隆碧砂漁港、桃園永安漁港、新竹南寮漁港）可以採買漁產、品嚐海鮮。

　　此外，還有遊艇巡航（如北海岸藍色公路）、渡輪賞景（如新北淡水八里渡輪、高雄旗津渡輪、宜蘭蘇澳及花蓮麗娜輪）、海釣體驗（如澎湖海上牧場、夜釣小管），或到離島渡假（如澎湖、金門、馬祖、綠島、蘭嶼、琉球嶼）體驗各種海洋活動、享受悠閒氣氛。若經濟能力許可，想要來一趟跨國海洋之旅，在基隆港、高雄港有國際郵輪行程可以參加（如麗星郵輪、公主郵輪）。郵輪上提供了餐飲、娛樂、住宿等各種服務，有如移動的海上渡假村。

近年來臺灣各地成立許多海洋相關博物館，如屏東國立海洋生物博物館、基隆國立海洋科技博物館、澎湖國家海洋地質公園、望安綠蠵龜觀光保育中心、澎湖水族館、澎湖海洋資源館、宜蘭蘭陽博物館、臺北長榮海事博物館、基隆及高雄陽明海運海洋文化館等。這些場館結合了遊憩、教育、研究、生態保育等多重功能，是從事海洋遊憩娛樂活動的優質選項。

漁村觀光與生態旅遊

在臺灣工業化時期，潮埔地時常成為工業用地，破壞了原本地形，也干擾了海岸生態。如今環保意識提升，溼地生態（如臺中高美溼地、臺南四草溼地）、珍稀物種及棲地（如俗稱「媽祖魚」的中彰沿海中華白海豚、臺南七股黑面琵鷺、屏東琉球嶼綠蠵龜）、特殊海岸地景（如桃園觀音藻礁海岸）皆受到重視及保護，進一步成為時興的海洋遊憩與觀光休閒資源。

由於自然條件及文化傳統的差異，各地的漁村景觀，如魚市、漁船、漁特產、住屋型態、信仰慶典活動等，對外地遊客而言可能是截然不同的生活文化，各有特色。經由規劃與宣傳行銷，能為漁村帶來觀光人氣。如臺灣宜蘭南方澳漁港以鯖魚捕撈、造船業及南安宮媽祖信仰聞名，屏東東港以黑鮪魚、櫻花蝦、油魚子及東隆宮王爺信仰聞名等。義大利西北部的蒙泰羅索阿爾馬雷 (Monterosso al Mare) 等五個漁村，甚至因為悠然純樸的景致，被聯合國教科文組織列為世界遺產，成為全球知名旅遊景點。

圖 1–16　位於義大利西北部沿海的蒙泰羅索阿爾馬雷漁村——蒙泰羅索阿爾馬雷、韋爾納扎 (Vernazza)、科爾尼利亞 (Corniglia)、馬納羅拉 (Manarola)、里奧馬焦雷 (Riomaggiore) 五個義大利沿海村鎮被稱為「五漁村」(Cinque Terre)，1997 年列入聯合國教科文組織世界文化遺產名錄，1999 年闢為「五漁村國家公園」(Parco Nazionale delle Cinque Terre)。

圖 1–17　臺灣臺南七股新浮崙汕——七股潟湖的沙洲之一。七股潟湖為臺灣第一大潟湖，俗稱「內海仔」或「海仔」，2009 年成為台江國家公園的一部分。蘊藏豐富物種，是許多野生動物的棲地，更是世界知名的濱海賞鳥（如黑面琵鷺）景點，適合發展不同於一般觀光的生態旅遊。

臺灣東北部海岸岬灣交錯，海蝕奇岩令人讚嘆，天然灣澳形成了漁業基地，局部堆積沙岸亦適合玩沙戲水。海岸美景、漁撈產業、海鮮美食搭配漁村文化，造就了豐富的遊憩觀光內涵。然而，中南部許多漁村卻面臨了產業停滯、人口外流等問題。

為了振興漁村經濟，促進漁村轉型，行政院農業委員會漁業署致力推動漁村新風貌計畫，發展三生漁業——即生產企業化、生活現代化及生態休閒化，使民眾能認識漁村豐富的生態及體驗漁村純樸的生活風情。在此計畫推動下，許多漁村轉型為觀光休閒漁村，例如臺南七股溪南休閒農業區，由原本的鮮蚵、虱目魚之鄉，轉型為可以體驗漁村生活、魚塭垂釣、潟湖生態之旅及享用漁家大餐的休閒漁村。

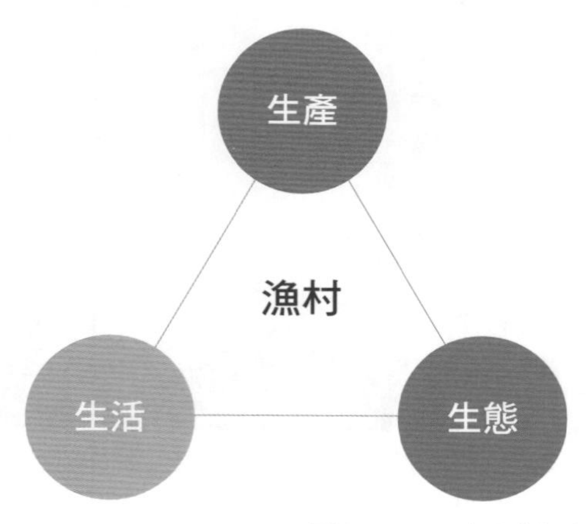

圖 1–18　三生漁業概念

圖 1-19　臺灣彰化芳苑漁村的牛車——芳苑鄉及位於鄉內的王功村以養蚵聞名，該地傳統上使用牛耕方式經營蚵田，有「海牛文化」之稱。此養蚵方式相當少見，已經登錄為國寶級無形文化資產。

彰化芳苑、王功等地的漁村，則由地方熱心人士發起海牛生態觀光活動，將以往作為潮間帶交通工具的牛車修復，由年長的漁民們再次駕駛著牛車，帶領遊客搭乘牛車體驗昔日插設蚵架、運送蚵產、耙蛤蜊等養殖採集活動及品嚐鮮蚵、魚湯。除了提供遊客另類漁村旅遊經驗，亦促進了地方產業轉型、增加就業機會。嘉義東石的漁民也有類似做法，在養殖漁業日漸沒落之際，許多漁船轉型為生態觀光船，帶領遊客前往外傘頂洲❶，介紹蚵田養殖知識、溼地生態特色等，讓遊客體驗耙蛤蜊、品嚐鮮蚵。

漁村生態旅遊是一種兼顧自然保育與遊憩發展的旅遊活動，在最小的環境衝擊下，運用在地文化發展遊憩活動，產生經濟效益、創造漁村就業機會。這種旅遊方式可說是一種「負責任」的旅遊，顧及環境保育，並維護了地方住戶的權利與福利。

註解 ❶外傘頂洲為臺灣沿海最大的沙洲，目前面積約 100 公頃，因形狀似傘而得名。受波浪、沿岸流、東北季風等影響，平均每年往西南方向漂移約 60 至 70 公尺，被稱為「移動的國土」，目前位於嘉義東石外海。近年由於河川攔沙壩的建造，導致沙源減少而逐漸縮小。

如何玩海洋

善待海洋是從事海洋休閒活動時應具備的基本態度，其次便是按自己與同伴的興趣、需求、時間、經費等進行規劃，選擇適當的海洋休閒活動。從事海洋休閒活動時，安全是首要考量，做好水域確認及安全防護等相關工作，才能盡情享受各項休閒活動，達成身心皆有收穫的效果。

一體二面

休閒活動對於繁榮地方經濟有相當的幫助，但也常有因過度開發而破壞海洋資源與環境的爭議。例如船舶噪音振動干擾生物、填海及水岸工程造成棲地破壞、遊客在從事海域活動時採集生物、踩踏珊瑚或丟棄垃圾等。又如賞鯨活動，如果沒有適當的規範，可能造成追逐迫逼鯨群，船舶下錨也可能對底棲生物或珊瑚造成傷害等。

圖 1–20　渡輪賞鯨活動——包含賞鯨在內的種種海洋休閒活動，都需要適當規範與遊客自律，以在人類發展產業與休閒娛樂之際，仍能保護海洋環境永續發展。

為了維繫臺灣環境的生命力，政府部門及社區營造組織必須採取包含生態旅遊推展、人數總量管制、環境負載力評估等多種措施，以維護生態平衡，如此方能使海洋及海洋產業永續發展。

例如屏東琉球嶼，由於近年來遊客大增，潮間帶生物棲地惡化，生物種類和數量都逐漸減少。地方政府自 2012 年起實施杉福潮間帶遊客總量管制，2014 年再增加漁埕尾潮間遊客總量管制，同時間限制最多三百人進入。遊客必須到管制站登記並由解說員帶領才能進入，在規劃範圍內活動。

又如納入東北角海岸國家風景區的龜山島，亦採取遊客總量管制措施：每年 3 月到 11 月開放登島，每日最多一千八百人，401 高地更僅開放每日一百人，以降低生態衝擊。

另外新北野柳每年 3 月至 5 月、10 月至 11 月，上午九點半到十一點、下午一點半到三點，採團客預約制，每日最多二千五百人。

身為遊客的我們，也要有自律與覺知，透過運用選擇權、遵守規定、自發行動等方式，避免休閒娛樂之際，對環境造成負擔。

我們應做好行前功課，選擇友善環境的休閒活動（例如選擇上述採取人數總量管制的觀光景點，支持維護生態環境的措施），並事先查閱、遵守相關保育規定，以達到降低環境負荷的目標。除了配合規定，更可自主採取尊重、保護環境的行動，如不隨意扔拾並撿拾垃圾、提醒他人當地規範，甚至發起、制定保育措施。

無論是參加漁村旅遊，或其他遊憩、觀光休閒活動，都應具有維護環境永續的意識，才能在產業發展與環境生態之間取得平衡。

旅遊行程規劃

德國文學家赫塞(Hermann Hesse)曾說：「生命究竟有沒有意義並非我的責任，但怎樣安排此生卻是我的責任。」此語道盡人生規劃的重要性。同樣的，從事海洋休閒活動時，事先的規劃也不可或缺。

海洋休閒活動的行程規劃原則可以自身喜愛的海洋休閒活動為主軸，搭配周遭沿岸景點風光，串接為套裝行程，發揮活動的效益。規劃時，可檢視是否具備右欄所列各基本項目。

行前規劃能讓自己事先掌握各種資訊、估算管控經費開銷、提高休閒旅遊的安全性，面對突發狀況時也較能因應。學會選擇適合自己的休閒活動，並能自行規劃休閒行程，可以讓假期生活更加充實、更有品質。

遊程範圍
界定活動項目與遊程範圍。

行程天數
安排活動天數與時間。

出發時地
確認活動集合地點與時間。

交通工具
選擇活動期間使用的交通工具及預估交通時間。

行程路線
衡量旅遊景點的位置、距離、移動時間等條件來安排行程順序。最好能搭配地圖，標註各景點及重要訊息。

住宿安排
選擇合法住宿機構，注意住宿環境治安與消防安全設施。

參加對象
界定為個人或團體行程、參加人數與身分屬性。

風險管理
評估活動行程執行的可行性、風險預防措施，包含辦理足額活動行程保險，以及緊急事件處理機制。

成本分析
以符合自身收入與消費能力為原則。

圖 1–21　休閒活動行程規劃基本項目

安全常識與技能

場所安全

從事活動前，應事先告知身旁親友或師長活動相關訊息，並選擇在政府單位審查合格的場所，或是有救生員執勤的地方進行，遵守岸邊警告或禁制標誌的規定。

全臺灣及離島共設有三十多座海水浴場，但部分海水浴場因海岸地形或潮流改變、經營管理不善等因素而遭廢棄，已經不宜戲水（如宜蘭頭城海水浴場、新北淡水沙崙海水浴場等）。選擇有管理及救生人員的正規浴場，避免在不熟悉或無人管理的海域戲水，才能保障自身安全。此外，須注意天氣狀況或突發天災，如遇颱風、大雨特報、海嘯警報等，切勿冒險。

個人安全

下水前須衡量個人身體狀況，過飢、過飽、有醉意、身體不適或心情不佳等，皆不宜下水。入水前應先做伸展暖身操，經引水沖身、適應水溫後才可入水。

從事浮潛、獨木舟、衝浪、香蕉船、水上摩托車、搭乘船艇等活動，應依規定確實穿戴浮力衣或救生衣，以及其他相關安全裝備。違反規定脫下浮力衣，或是穿著不確實，尤其跨下的二條快卸扣皮帶沒有確實穿扣上，將使自己暴露於風險之中。

此外，學習水域救生技能、了解水域救生設備，如魚雷浮標、拋繩器、救生圈、救生哨子與離岸流檢測器等使用方法並多加練習，也能提升個人水域活動的安全性。

水域救生技能

若時常參加水域活動，建議學習水域救生課程。水域救生技能可細分為基礎自救與進階救生二部分，每一部分又以技術的難易程度，區分成初階與進階課程。

表 1-1　水域救生技能分類

	初階	進階
基礎自救	水母漂 仰漂 十字型仰漂 仰漂搭配爆炸式換氣	搖櫓式踩水 蛙腳式踩水
進階救生	抬頭捷式 抬頭蛙式	救生仰泳 剪刀式側泳

溺水時自行處理方式有：馬上停止游動、保持浮力、伸展抽筋肌肉、全身盡量放鬆、身體保持平穩。踩水時僅口鼻露出水面、手腳動作緩慢。筋疲力竭時，舉手揮動求救，並於水中仰浮等待救援。

反之，發現有人溺水時，應大聲呼叫請求支援，並撥打 118、119 向海巡單位或消防單位求援，切勿冒然自行下水施救。亦可察看周圍是否有救生繩、救生圈等具浮力之物品，作為岸上施救的救生器材。

圖 1-22　自動體外心臟去顫器 (AED) 急救模擬

對於溺水者後續的急救技術，以心肺復甦術 (Cardiopulmonary Resuscitation, CPR) 搭配自動體外心臟去顫器 (Automated External Defibrillator, AED) 最為重要 ❷。此外，水域活動遇到突發急難時，可以利用手邊的工具製造聲音、閃光、煙霧等訊號求救。

相關專業證照制度與法律規定

熟悉各種水域運動休閒相關專業證照制度，將方便我們選擇合格休閒運動經營業者與合格專業教練，避免遇到不良的教練而造成生命財產的損失，破壞了休閒運動的品質。目前臺灣承認且許可的水域運動休閒相關專業證照有：水域運動指導人員證、游泳池救生員證、開放性水域救生員證（紅十字會、中華民國水上救生協會）、游泳教練裁判證、潛水員證、獨木舟教練證、風浪板帆船教練裁判證、遊憩船舶教練證、衝浪教練證、動力小船駕照等。

其次，了解相關法律規定，知道自己的權利與義務，才能保障自身的生命安全與權益。目前水域安全活動的相關法律規定有：《觀光發展條例》、《水域遊憩活動管理辦法》、《臺灣地區近岸海域遊憩活動管理辦法》、《遊艇管理辦法》、《澎湖縣水上遊憩活動管理自治條例》、《離島建設條例》、《娛樂漁業管理辦法》、《海岸巡防法》、《海洋汙染防治法》、《外籍遊艇申請進出遊艇港作業程式》。

其中，對於水域運動休閒最重要的就是 2016 年 3 月修正公布的《水域遊憩活動管理辦法》，條文明確規範游泳、衝浪、潛水、滑水、拖曳傘、水上摩托車、獨木舟、橡皮艇、站立式划槳等各類活動應遵守事項。

各項法律規定都會因應環境需求，逐年增修條文。規劃水域休閒活動時，可到政府相關官方網站，下載閱讀最新條文與規定 ❸，以免觸法。了解法規就是保障自己。

註解

❷ 水域急救技術包含心肺復甦術 (CPR)、復甦姿勢、異物哽塞處理、水域脊椎受傷處理、自動體外心臟去顫器 (AED) 操作等。其中 AED 在水域救生中的操作比陸地上更加要求被施救者、施救者與協助者務必擦乾全身，施救地點必須保持絕對乾燥，才可以進行 AED 急救，以避免機器誤判與施救者遭受電擊。

❸ 可至法務部全國法規資料庫 (https://law.moj.gov.tw) 查詢。例如《水域遊憩活動管理辦法》條文內容為：https://law.moj.gov.tw/LawClass/LawContent.aspx?PCODE=K0110024

玩出生活美學

德國哲學家康德 (Immanuel Kant) 說：「美是一種無目的的快樂。」很多人誤解了美的意義，以為美只存在於戲劇院、美術館，只存在於音樂符號，其實美存在於日常生活的種種接觸。當我們開啟每一絲感覺，會發現美其實是種智慧。

臺灣四面環海，適合發展以海洋環境為基礎的各類休閒活動。增進對海洋的了解與認識，玩海、親海、愛海，透過海洋達到休閒生活上的美學實踐，可說是一種生活方式的選擇——海洋休閒即是一種生活美學。

我思✕我想

1► 水域警示旗幟是針對水域安全狀況發布的即時資訊。請查詢並列出以下旗幟的名稱及其代表意義：

2► 若要在發展海洋休閒活動的同時兼顧海洋保育，除了文中提到的方法外，政府及相關部門還可以採用哪些策略？

3 ▶ 閱讀後思索下列問題：

熱愛水肺潛水的荷蘭青年柏楊 · 史萊特 (Boyan Slat)，十七歲那年到希臘潛水時，發現自己不停在塑膠垃圾和水中生物間穿梭，且垃圾量明顯比生物更多。親眼看到海洋汙染的嚴重性，受到衝擊後，他從學校專題作業起步，開始研究海洋垃圾問題及解決方法。嘗試、實驗各種方案後，構思出「海洋吸塵器」——以極長的浮動攔截篩收集海漂垃圾，同時浮游生物能自由從下方通過。

2012 年，十八歲的史萊特在 TED–X 演講中宣揚清潔海洋的理想，始獲廣大迴響及資助。2013 年，十九歲的史萊特創立海洋清潔基金會 (The Ocean Cleanup)，帶領百人研究團隊，逐步落實曾被許多人認為太過天馬行空的「海洋吸塵器」概念，證明這項發明確實可行。「海洋吸塵器」被《時代》(*Time*) 雜誌評選為年度最佳發明之一，史萊特也成為聯合國史上最年輕的最高階環保大使。

據估計，人類每年生產的塑膠約 3 億噸，而每年流入海中的塑膠垃圾超過 800 萬噸。如果不清理，塑膠垃圾永遠不會從海洋憑空消失，甚至會成為塑膠碎片與微粒進入包含人類在內的食物鏈，對生態系統造成傷害。史萊特認為預防與行動應並進，我們製造出的垃圾就該自己來清理。

目前這場人類有史以來最大的（同時也是耗資耗能最少、預期效益最大的）海洋清潔行動計畫正持續進行、茁壯中。而這一切，源自一位當年僅十七歲的潛水少年，對海洋真心的愛與熱忱。

▶ 史萊特在水肺潛水時發現了海洋塑膠垃圾問題的嚴重性，進而付諸行動，投入保護海洋生態的行列。你是否也曾在海洋休閒旅遊途中、親近大海時，發現海洋或海岸汙染的情況？當時你的反應為何？若能再次回到現場，你會有不一樣的做法嗎？

▶ 除了打撈海洋垃圾，還有哪些方式可以減少海洋的垃圾汙染？從事海洋休閒活動時，可以如何保護海洋環境、減少破壞？

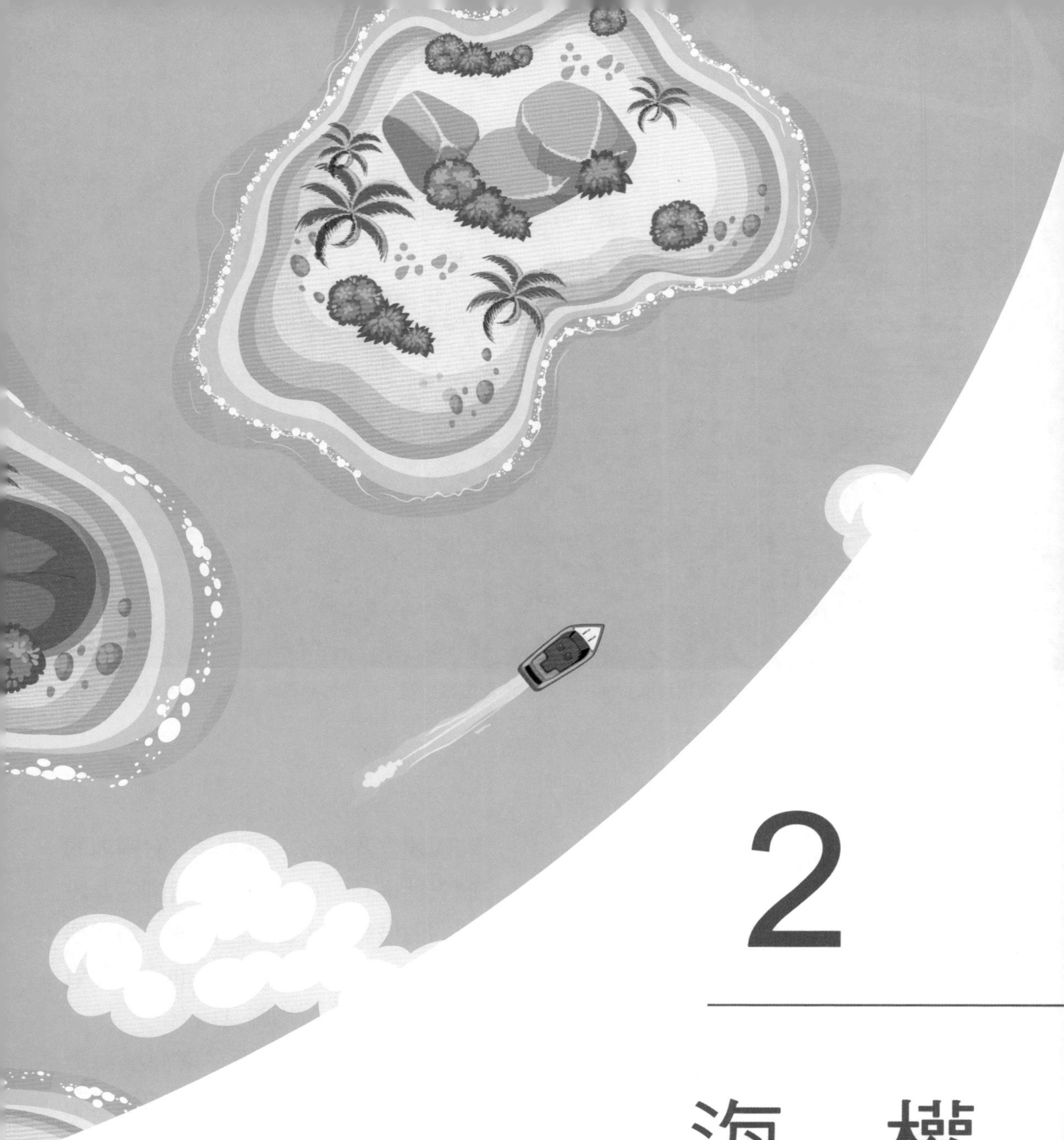

2

海　權

「島」與「礁」的差別在哪裡？

文／高淑玲

審閱／黃向文

圖 2–1　南海上的海底資源離岸鑽探設備——南海地理位置良好，蘊藏豐沛石油、天然氣等資源，為沿海眾多國家海權爭奪之地。

南海是誰的？

南海是近年博得最多新聞版面的海域，四周圍繞臺灣、中國、菲律賓、越南、馬來西亞、汶萊等。由於其地理位置重要、漁源豐富，尤其蘊含石油、天然氣等充足海底資源，成為風雲迭起的一片海域。

長久以來，臺灣在南海有傳統漁業捕撈範圍的海域疆界。中華人民共和國建立政府後，聲明其具有南海的歷史性權利，在南海上重新劃定九段線的海域範圍，線內各島嶼、海洋裡的漁源、海底資源，如石油、天然氣或稀土物質等，均歸其所有。

近年中國更積極在南海填海造島、擴張海權，引發其他沿海國家不滿。這些沿海國中，又以菲律賓與中國間，對於該海域部分島嶼主權歸屬、海域執法範圍的歧見最為檯面化。

2013 年，菲律賓依據《聯合國海洋法公約》(*United Nations Convention on the Law of the Sea, UNCLOS*)，單方面對中國提出強制仲裁程序 ❶，將二國日漸激化的護漁衝突與主權紛爭提升至國際層次。

雖然中國反對且拒絕參與此案，但仲裁程序依然成立 ❷，進入歷時三年、二階段的審理。2016 年 7 月 12 日特別仲裁庭發布仲裁結果，是國際上備受矚目的案件。

中菲南海仲裁案結果，判定中國對南海九段線內海洋權利的控制沒有法律依據，且中國在南海驅趕其他國家漁民的執法行為，侵害了提告者──菲律賓的國家主權，其海中造島工程亦危及了海洋環境。

此仲裁結果，也影響了臺灣。國際仲裁法庭審理的結論，不承認中國九段線範圍裡南沙群島的傳統權利，並認為「南沙群島無一能夠產生延伸的海洋區域」；而臺灣在南海擁有該海域最大島嶼──太平島，仲裁結果

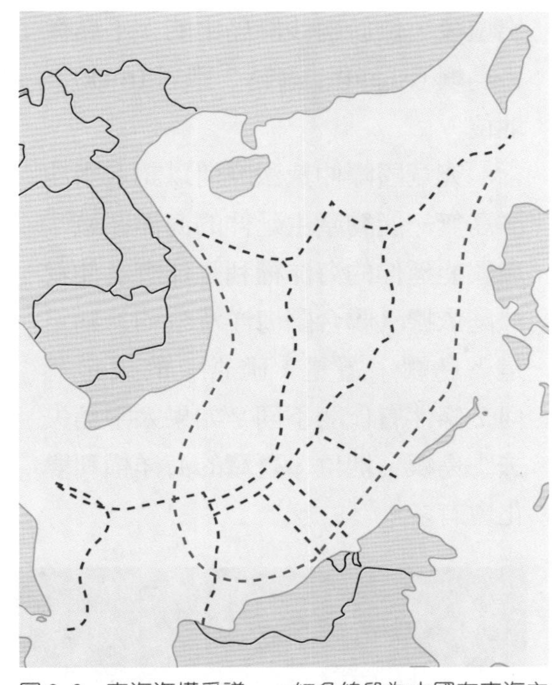

圖 2–2　南海海權爭議──紅色線段為中國在南海主張的「九段線」主權範圍，藍色線段為南海周邊國家依《聯合國海洋法公約》作出的主張，範圍有所重疊。

註解

❶ 國際海洋法法庭根據《聯合國海洋法公約》第 15 部分與附件 7 之規定，由常設仲裁法院提供場地和祕書服務，組成臨時仲裁庭。

❷《聯合國海洋法公約》附件 7 規定：「爭端一方缺席或不對案件進行辯護，應不妨礙程序的進行。」

出爐後，位於南沙群島中的太平島從「島嶼 (island)」淪為「礁岩 (rock)」地位。

究竟國際仲裁法庭何以認定南沙群島無一能夠產生延伸的海洋區域？島嶼能延伸的海洋權利是什麼？仲裁法庭依據《聯合國海洋法公約》判定是「島嶼」還是「礁岩」的規定為何？條件有什麼不同？如果太平島失去「島嶼」地位，臺灣的海洋權利變化會有多大？

海洋權利與《聯合國海洋法公約》

海洋遼闊無際，然而商船、艦隊、漁民及國家執法單位行駛其上，卻知道遵循著一定航道或國家級別的領海、經濟海域、公海界線活動。這些只有在雷達座標裡才看得到的界線，決定了不同海洋活動參與者各自活動的範圍和內容，讓海洋秩序得以維持、運作。

圖 2–3　南海上往復航行的眾多船隻——圖為自香港環球貿易廣場高樓眺望的南海景觀。

圖 2–4　多數船隻於廣闊海洋上遵循著一定航道、界線活動——圖為位於越南東北部、屬南海一部分的下龍灣 (Ha Long Bay) 石灰岩島礁，為聯合國教科文組織認定的世界遺產。

為維護海域秩序，聯合國從 1956 年到 1982 年，召開超過七次國際海洋法會議，陸續討論訂定沿海國能擁有的海洋權利範圍和種類。最終於 1982 年出爐的《聯合國海洋法公約》（以下簡稱《公約》），對內水 (Internal Waters)、領海 (Territorial Sea)、鄰接區（毗連區）(Contiguous Zone)、專屬經濟海域（專屬經濟區）(Exclusive Economic Zone, EEZ)、大陸礁層（大陸棚、大陸架）(Continental Shelf) 及公海 (High Seas) 等海域劃分作了清楚的界定。

這套國際法規範考慮了既存海洋資源權利的保護，也明確區分沿海國家可行使的海域主權範圍，不僅提供臨近海洋的沿岸國彼此衝突時的紛爭解決機制，也讓沿海國家於《公約》訂定過程中，在國家海域管轄範圍、資源開發、環境保護及科學研究等諸多方面建立了共識約定。

2013 年，因長期與中國在南海權力行使上有無法協調的歧見，菲律賓尋求《公約》所提供的紛爭解決方法，向海牙國際法院聲請仲裁判斷。國際仲裁庭收到菲律賓的申請案，在解決中菲間的歧見上，必須依據國際認同的法規作出判定。因此認識《公約》，可說是了解海權議題最基本的方向。以下，我們就從中菲南海仲裁案來探討《公約》中的重要概念。

圖 2–5 無法提供人類居住條件的「礁」——圖為位於北挪威 (Northern Norway) 哈斯塔市 (Hasrard) 外，淺海上的一塊礁岩。

「島」與「礁」有什麼差別？

《公約》對島嶼的定義記載於第 121 條中。第 121 條第 1 款至第 3 款提出島嶼制度的概念，也規定沿岸國擁有島嶼就能擁有的各項海洋權利。來看看條約內容如何規定：

1. 島嶼是四面環水並在高潮時高於水平面的自然形成的陸地區域。
2. 除第 3 款另有規定外，島嶼的領海、鄰接區、專屬經濟海域和大陸礁層應按照本公約適用於其他陸地領土的規定加以確定。
3. 不能維持人類居住或其本身的經濟生活的礁岩，不應有專屬經濟海域或大陸礁層。

從定義分析，構成「島嶼」的條件是：「四面環水」、「海水高潮時高於海平面的陸地」、「自然形成」與「維持人類居住或其本身的經濟生活」（第 1 款、第 3 款）。

條文第 1 款，所謂「自然形成」，主要是強調島嶼形成的方式，以自然與人工作對比，避免以建造人工島嶼爭取自己國家海洋權利的混亂狀態。

島嶼的條件

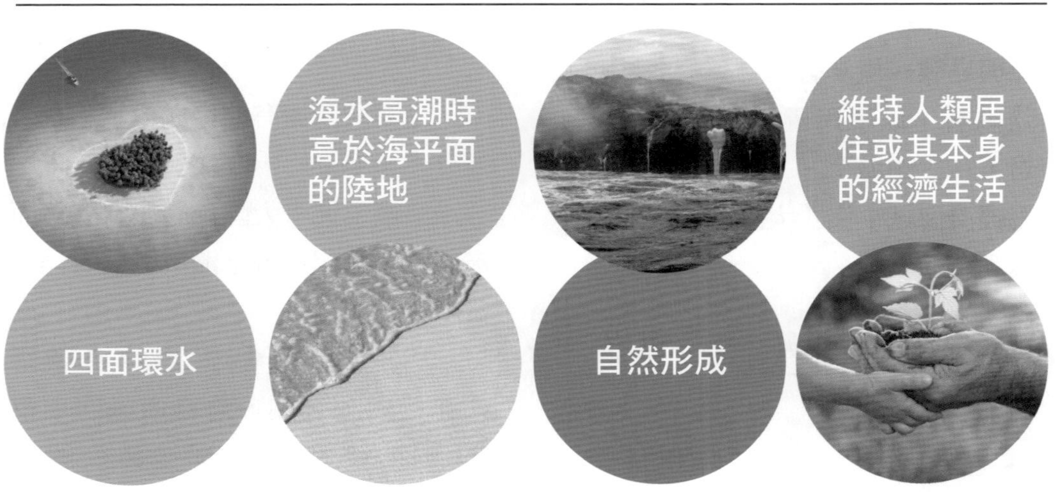

圖 2–6　《聯合國海洋法公約》中定義的「島嶼」構成條件

條文第 3 款，「維持人類居住或其本身的經濟生活」之規定，則更進一步指出島嶼所需要擁有的社會經濟屬性。島嶼能否住人、島上資源能否維持人類的日常所需、能否滿足島上居民長期的生活發展，都涉及島嶼本身及周遭海域資源的條件。倘若一個島嶼需要借助外來輸入補給❸才能維持人類居住或其本身的經濟生活，很顯然就不是國際法認定的島嶼條件。

條文第 2 款，表述了島嶼可享有的權利，沿岸國擁有島嶼就能擁有其領海、鄰接區、專屬經濟海域以及大陸礁層。而前述所舉之第 3 款是第 2 款的補充規定，對島嶼和非島嶼（如礁岩）所能享有的權利提出了限制，說明礁岩不應擁有大陸礁層與專屬經濟海域權利。換句話說，如果礁岩不

註解　❸國際仲裁法院的判決全文：「仲裁庭注意到，現在很多島礁上駐紮的政府人員依賴於外來的支持，不能反映這些島礁的承載力。」

能住人和維持島上的經濟生活，就不能與島嶼一樣享有專屬經濟海域和大陸礁層。以下用圖示比較島嶼和礁岩，在「領海」、「鄰接區」、「專屬經濟海域」與「大陸礁層」的海洋權利有何異同。

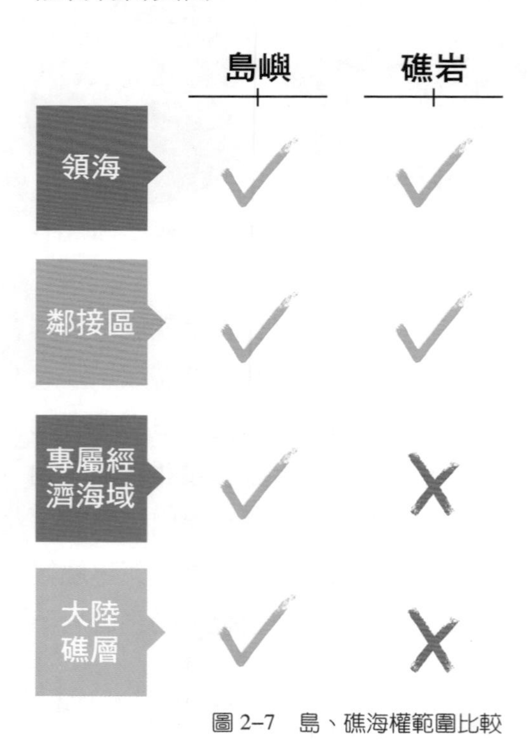

圖 2–7　島、礁海權範圍比較

所以「海洋權利」是什麼？

沿海國所擁有的海洋權利和是否擁有「領海」、「鄰接區」、「專屬經濟海域」或「大陸礁層」有關，而這些設定緣起於聯合國第一屆海洋法會議。

1958 年第一屆海洋法會議正式在日內瓦召開，最終通過四項重要公約：《領海及鄰接區公約》(*Convention for the Territorial Sea and the Contiguous Zone*)、《公海公約》(*Convention on the High Seas*)、《大陸礁層公約》(*Convention on the Continental Shelf*)、《捕魚及養護公海生物資源公約》(*Convention on Fishing and Conservation of the Living Resources of the High Seas*)。

到了 1982 年通過的《聯合國海洋法公約》中，更進一步明確規定上述名稱的範圍，如右頁圖表所示。

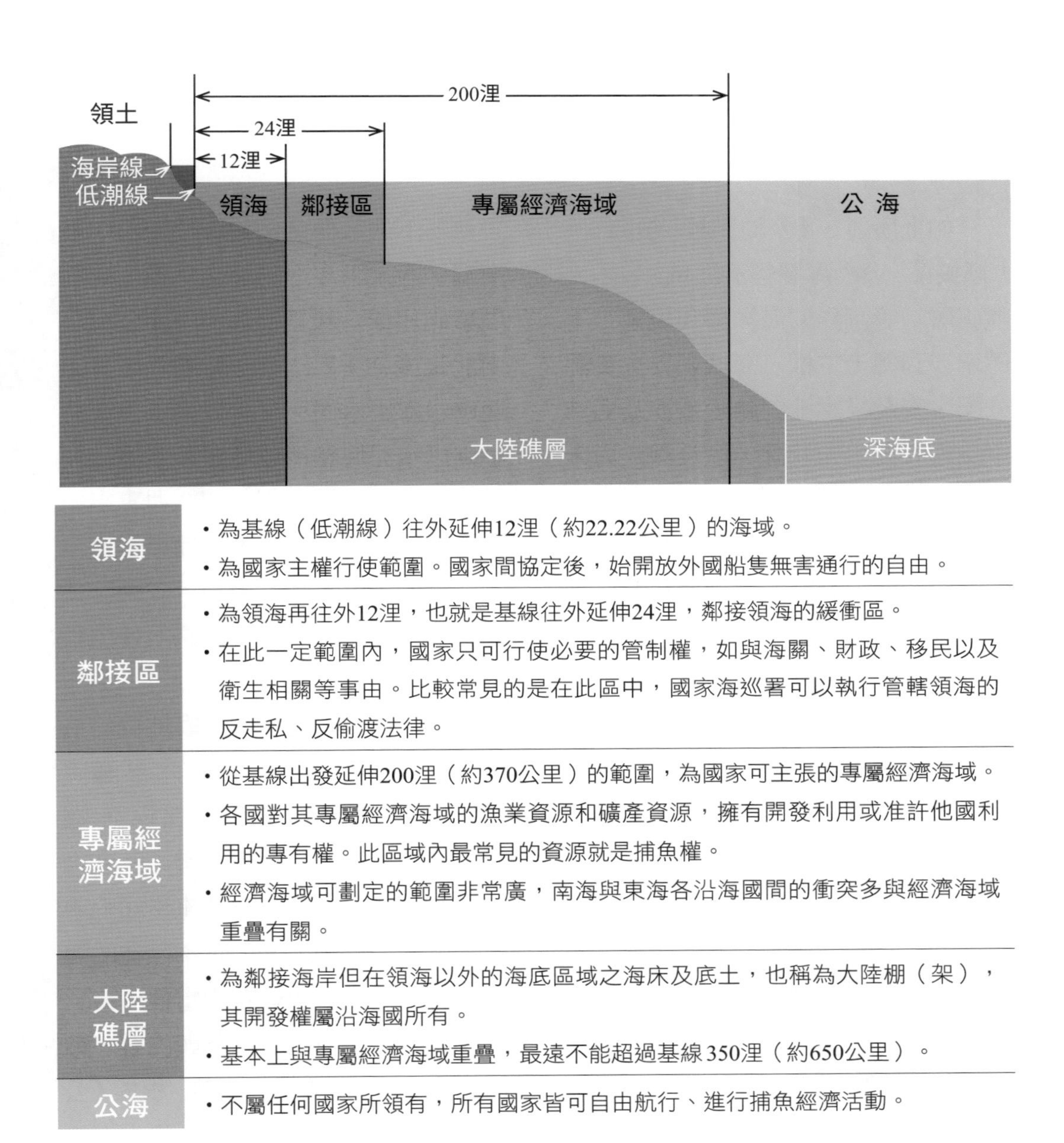

領海	・為基線（低潮線）往外延伸12浬（約22.22公里）的海域。 ・為國家主權行使範圍。國家間協定後，始開放外國船隻無害通行的自由。
鄰接區	・為領海再往外12浬，也就是基線往外延伸24浬，鄰接領海的緩衝區。 ・在此一定範圍內，國家只可行使必要的管制權，如與海關、財政、移民以及衛生相關等事由。比較常見的是在此區中，國家海巡署可以執行管轄領海的反走私、反偷渡法律。
專屬經濟海域	・從基線出發延伸200浬（約370公里）的範圍，為國家可主張的專屬經濟海域。 ・各國對其專屬經濟海域的漁業資源和礦產資源，擁有開發利用或准許他國利用的專有權。此區域內最常見的資源就是捕魚權。 ・經濟海域可劃定的範圍非常廣，南海與東海各沿海國間的衝突多與經濟海域重疊有關。
大陸礁層	・為鄰接海岸但在領海以外的海底區域之海床及底土，也稱為大陸棚（架），其開發權屬沿海國所有。 ・基本上與專屬經濟海域重疊，最遠不能超過基線350浬（約650公里）。
公海	・不屬任何國家所領有，所有國家皆可自由航行、進行捕魚經濟活動。

圖 2–8　《公約》第 121 條對海洋權利範圍的劃分

如上所述，《公約》對「領海」、「鄰接區」、「專屬經濟海域」、「大陸礁層」等劃界的海洋權利規定，不僅牽涉到領土主權、海域劃界、資源分配、安全維護等問題，還涉及海域中生物和非生物資源，以及深入海床底下數千公尺的各類油氣資源。而「島嶼」、「礁岩」判定的影響，可能會使一個國家的主權行使範圍縮小或擴大。

有學者提出試算數據，一個小島或一塊礁石，如果具有與陸地同等劃分海洋區域的權利，以 12 浬計算，可得 450 平方公里面積的領海；若以 200 浬計算，則可多得 125664 平方公里的專屬經濟海域。

國際法與島嶼地位認定

沖之鳥礁是島嗎？

雖然《公約》中對「島嶼」、「礁岩」提出了認定標準，但國際上對「島」「礁」認定的海域劃界仍有爭執不下的案件。例如：位於日本最南端、西太平洋上的沖之鳥礁，為珊瑚環礁組成，東西長度約 4.5 公里，南北長度約 1.7 公里，高潮時僅有二塊礁岩露出水面。日本以人工方式將環礁以水泥塊和消波塊擴建鞏固後，以「島嶼」自居，劃出 200 浬專屬經濟海域及大陸礁層範圍，此舉影響中國、韓國等周邊國家權利。我國歷任政府為了保護海域安全，甚至曾出動海巡艦艇護漁。

為了建立沖之鳥礁島嶼地位的法律依據，2010 年 5 月，日本參議院通過了一項名為《低潮線保全 ‧ 據點設施維護法》的國內法案，試圖合法化沖之鳥礁在高潮時被淹沒在海平面之下的「低潮線」，讓不存在的海岸線能透過立法而具有正當性。

然而，這項立法行為與內容，顯然與《公約》相關規定不符。根據《公約》第 121 條，高潮時被淹沒在海平面之下的礁岩，不能享有領海等海域權利。《公約》第 60 條第 8 款也規定：

「人工島嶼、設施和結構不具有島嶼地位，它們沒有自己的領海，其存在也不影響領海、專屬經濟海域或大陸礁層界線的劃定。」中菲南海仲裁案中也提到相同論點：「高潮時高於水面的島礁能夠產生至少12浬的領海，而高潮時沒入水中的島礁則不能。」

儘管國際法規定明確，日本仍主張沖之鳥礁為一島嶼，並向聯合國大陸礁層界限委員會 (Commission on the Limits of the Continental Shelf, CLCS) 提交了相關資料，主張日本應可享有周邊海域約 74 萬平方公里的一切資源。不過，聯合國大陸礁層界限委員會最後只認可了日本不含沖之鳥礁的太平洋四個海域、總面積約 31 萬平方公里的大陸礁層。

如果聯合國判定沖之鳥礁為島嶼而非礁石，日本將可能擴大擁有其周邊專屬經濟海域，享有區內的一切自然資源；反之，除了領海 12 浬內屬其所有，其餘則為公海，任何國家均可自由使用和航行。

圖 2–9　日本沖之鳥礁空拍圖——高潮時沖之鳥礁僅二塊礁石露出水面。

太平島是「島」還是「礁」？

島嶼能夠產生200浬的專屬經濟海域和大陸礁層，但是「不能維持人類居住或其本身的經濟生活的礁岩，不應有專屬經濟海域或大陸礁層」。仲裁庭認為，這項規定取決於一個島礁在自然狀態下，維持一個穩定的人類社群或者不依賴於外來資源或純採掘業的經濟活動的客觀承載力。……據此，仲裁庭得出結論，認為南沙群島無一能夠產生延伸的海洋區域。——2016年中菲南海仲裁案裁決文

圖2–10　太平島的珊瑚礁——太平島接近赤道無風帶，生態資源豐富。

2016年中菲南海仲裁結果認為「南沙群島無一能夠產生延伸的海洋區域」，換句話說，南沙群島所有海上地物均為礁岩。不僅中國在南沙群島的造島建設不被承認有島嶼地位，南沙群島上自然面積最大（約0.51平方公里）、為臺灣領土之一的太平島也同樣從「島嶼」淪為「礁岩」。此結果影響深遠，臺灣立即發表聲明，鄭重表示對這項判決「完全無法接受」、「對我方不具有任何法律拘束力」。

先不論仲裁結果對臺灣是否具有法律拘束力，從現實面來看，如果太平「島」真的從「島」降為「礁」，依據國際法規定，我國國土面積自然就縮小了：沒有了從太平「島」向外延伸的200浬專屬經濟海域及大陸礁層。失去經濟海域的同時，連帶漁民捕魚範圍也會縮小，使漁獲量減少，而其他海洋資源利用、開發權利都會趨於消滅。

仲裁意見有拘束力嗎？

本案仲裁庭於審理中，……從未徵詢我方意見。現在，相關仲裁判斷，尤其對太平島的認定，已經嚴重損及我南海諸島及其相關海域之權利，我們在此鄭重表示，我們絕不接受。——2016 年臺灣外交部新聞稿

外交部嚴正反駁仲裁意見，認為對於沒有參加仲裁的臺灣並沒有拘束力。但仲裁意見真的對臺灣沒有拘束力嗎？此聲明有沒有國際法上的依據呢？

《公約》第 296 條第 1 款：「……任何裁判應有確定性，爭端所有各方均應遵從。」
《公約》附件 7 第 11 條：「除爭端各方事前議定某種上訴程序外，裁決應有確定性，不得上訴，爭端各方均應遵守裁決。」
《公約》第 296 條第 2 款：「這種裁判僅在爭端各方間和對該特定爭端具有拘束力。」

從上述《公約》條文可以看出，仲裁庭提出的仲裁判斷，對爭端雙方自然是有法律拘束力的；但臺灣並非仲裁案的當事人，外交部當然要回應仲裁意見，以維護權益。

國際法的約束力是基於訂定規範時國際社會成員建立的共識，雖無強制機構執法，但裁決確定後，爭執的一方可據此採取行動或由聯合國會員國一致決定採取共同行動。例如：聯合國對北韓不聽勸阻，執意發展核武的舉措，採取了經濟制裁。

國際法既然是國際社會間的行為依據，仲裁結果第一次對國際法的《公約》第 121 條第 3 款作出解釋，該仲裁判斷還是具有規範性，或普遍適用性。

例如日本的沖之鳥礁，或是其他海域仍在爭執是否符合「島嶼」條件的海上地物，就可依這次仲裁的法律

解釋去衡量，如果不認同也要提出相應的法律說理來回應。同樣的，如果臺灣要維護太平島的海洋權利，也必須考慮到仲裁庭的結論及《公約》第121條的條件，提出證據去說明太平島可以憑藉自身的自然資源，維持人類社群居住必要需求。

太平島是否真如仲裁意見所說，島上自然條件不足以支撐及維持常住人口呢？外交部於中菲南海仲裁案後，赴立法院接受質詢時提出說明，指出在過去六十年間，島上軍民早已「充分利用及開發太平島上之天然資源，以便駐留該島完成其各自之任務。島上除有出產地下水之水井及天然植被外，亦蘊含磷礦及漁業資源，島上駐守人員更在該島種植蔬果及豢養家禽家畜，以應生活所需」。且太平島上甚至建有觀音堂，滿足居民的宗教信仰需要。

圖 2-11　太平島觀音堂

那麼仲裁庭如何得出「不能維持人類居住或其本身的經濟生活的礁岩，……南沙群島無一能夠產生延伸的海洋區域」的結論？學者分析認為，《公約》第 121 條第 3 款條文所論及之「維持人類居住」和「維持經濟生活」的二個描述，缺少了清楚可辨的定義，因此使該條文在島嶼定義的處理上，不同國家間會出現不一致的看法。

不只是島或礁而已

沿海國之間為了海域資源所作的權利爭奪，始終會是國際海洋爭端問題的根源。我們在國際新聞上看到的衝突矛盾，不論是南海上中、菲之間，或是東海上釣魚臺列嶼周邊日、中、臺之間等等，都是因為對於該海域部分島嶼的主權歸屬，或是由島嶼延伸出去的經濟海域範圍重疊，影響了海洋權利內容而造成的衝突。

島嶼是一國領土的一部分，價值依其面積大小、所處地理位置、周邊海域與海底資源蘊藏量有所不同。

《公約》第 121 條的島嶼制度規定不只關係到島嶼本身的地位，且對於確定沿岸國的管轄範圍，特別是相鄰或相向國家之間海洋區域的劃分，具有極為重要的意義。其意義不僅僅限於定義島嶼條件，更重要的是附隨島嶼而來的權利——這些權利一言以蔽之，就是國土的擴充和主權的延伸。

我思 我想

1▶ 環繞東海的臺灣、中國、日本等，均宣稱對釣魚臺列嶼擁有主權。造成臺、中、日三方爭奪、形成各自主張的原因為何？請試著查找資料，從經濟海域位置、歷史因素、國際法規範等面向探討原因。

2 ▸ 原於黃海海域訓練的中國首艘航空母艦「遼寧號」，在 2016 年經日本宮古海峽，沿著臺灣東部外海，展開首次航母戰鬥群的遠海訓練。之後連續三年南下，穿越臺灣海峽赴南海訓練。由於中國航空母艦的航向穿越了美、日防護西太平洋第一島鏈的防線，升高了南海緊張情勢，不僅日本防衛省嚴密監控，臺灣國防部亦同時警戒，當遼寧號通過東部海域時，出動海、空軍巡防、升空監測。

根據《聯合國海洋法公約》，外國船舶在沿海國之領海內，原則上享有「無害通過權」，這是國際間在領海主權與船舶通行權利之間平衡協調的結果。一般而言，外國飛機未經許可不得飛越他國上空，但是，對領海主權的行使，國際法上有一個限制，即沿海國有不妨礙外國船舶無害通過領海的義務，亦即外國船舶在不損害沿海國的和平、安全和良好秩序的前提下，享有經過一國領海的無害通過權。

那麼，中國遼寧艦隊經臺灣東海岸、進入南海返回的行動，符合國際法的無害通過原則嗎？

3 ▸ 漁業發展維繫著臺灣近海人民的經濟生活。由於海洋周邊國家競相爭奪海洋資源，臺灣漁民在重疊海域捕魚，常遭日本、菲律賓公務船干擾或扣押，人身安全備受威脅。臺、日海域重疊及其所引發的海域歸屬權爭執，是亟待處理解決的重要海洋議題。請試著調查臺灣目前有哪些公權力單位針對此議題提出什麼樣的處理方案，亦可查找國際上有什麼著名的海域漁權爭端解決案例。透過探討、借鏡其他沿海國維護海域安全的措施，作為我們關心海洋事務的進一步閱讀及思考方向。

3

海洋產業

海洋工作只有漁業和海運？

文／嚴佳代、黎美玉

審閱／李健全

海洋產業是什麼

海洋產業(Ocean Industry/Marine Industry) 又被通稱為海洋經濟 (Marine Economy)、海洋活動 (Marine Activity)、海事經濟 (Maritime Economy) 等，可定義為開發利用海洋資源與空間的人類經濟行為，其經濟行為活動視為產業活動，主要有四項，如圖 3–1。

大海占地球表面積約 71%，與人類生活息息相關。例如海中浮游植物與藻類吸收地球約 80% 的二氧化碳，並製造約 80% 陸地生物所需的氧氣；海水調節地球溫度，讓地球保持穩定的氣候系統；海洋提供約四分之一人類所需蛋白質（食物）與多數藥品原料來源，更在漁業、運輸、採礦、觀光等產業中提供許多工作機會。

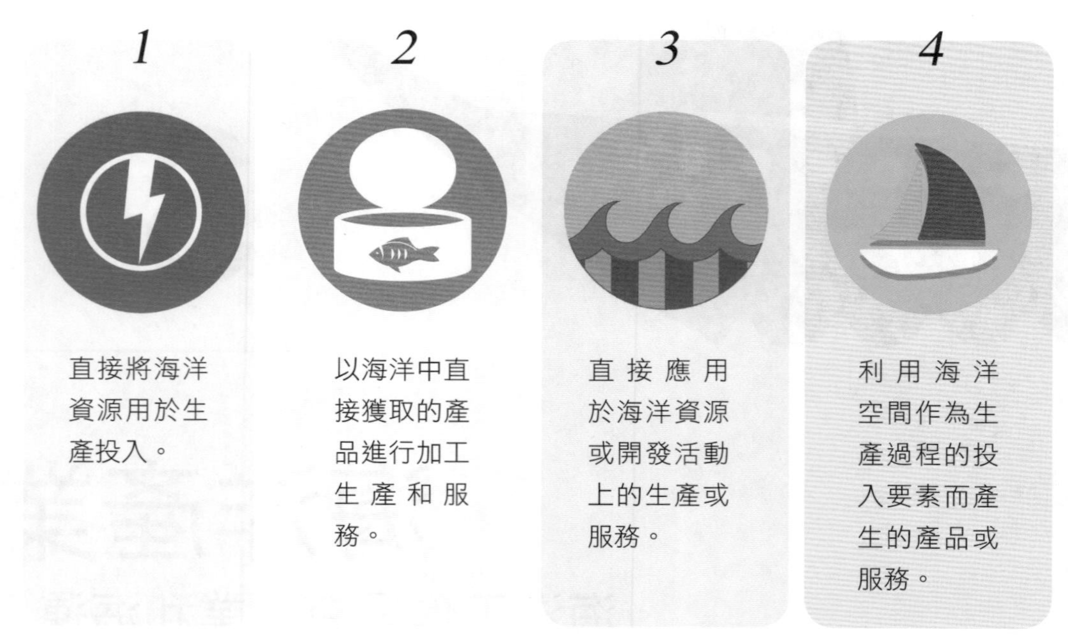

圖 3–1 海洋產業活動（資料來源：洪志銘，2010）

人類已經探索的海洋區域約5%，還有95%左右（甚至以上）的海洋是人類未知區域，需要科技協助我們繼續了解大海。雖然海洋還有很大的發展潛力，但海洋資源並不是取之不盡的，因此需要從經濟與生態平衡觀點來永續發展海洋產業。

與海相關的詞彙如大洋(Ocean)、海(Sea)、海洋(Marine)、海事(Maritime)等，細究其涵義，是有所區別的。

一般來說，Ocean是指大洋類的海洋，例如太平洋(Pacific Ocean)、大西洋(Atlantic Ocean)，廣泛應用在以海洋為主體的產業名詞，例如海洋科學研究產業(Ocean Science Research Industry)、海洋深層水產業(Deep Ocean Water Industry)、海洋能源產業(Ocean Energy Industry)。

Sea指較小範圍的海洋，例如東海(East Sea)、南海(South Sea)、死海(Dead Sea)❶。

Marine是海洋生物及海洋相關產品的總稱，廣泛使用在海洋相關議題上，例如海洋教育(Marine Education)、海洋資源(Marine Resource)、海洋生態(Marine Ecology)，也常應用於廣義的海洋職業名稱，例如海洋生物學家(Marine biologist)、海洋科學家(Marine scientist)、海洋工程師(Marine engineer)。

Maritime則泛指海上的運輸、工程、商業、軍事等活動，例如海事工程(Maritime Engineering)、海事教育(Maritime Education)。

註解 ❶死海位於以色列、約旦和巴勒斯坦交界，名為「海」，實是世界上最低的「湖泊」。海拔負424公尺，湖岸是地球上已露出陸地的最低點。其鹽度是一般海水的八至十倍（一般海水鹽度約為3.5%，死海鹽度約30%），魚類無法在其中生存，因而被稱為死海。

臺灣海洋產業面貌

基本海洋產業與新興海洋產業

2010 年，中華經濟研究院將臺灣海洋產業分為十一項部門如下：

1. **海洋漁業**：漁業、海產食品製造、海產食品批發零售、漁具製造與銷售。
2. **海洋油氣與礦業**：石油、天然氣開採與生產、海洋砂石、鹽業、其他礦產開採與生產。
3. **船舶建造與維修業**：遊艇等船舶建造與相關設備製造、船舶與相關設備維修。
4. **海洋運輸業**：水上運輸、其他海洋運輸輔助、倉儲及租賃服務。
5. **海洋旅遊業**：海洋旅遊代理服務、住宿與餐飲服務、海洋娛樂與休閒用品製造、批發零售與租賃及海水浴場等休閒漁業。
6. **海洋建築業**：海上結構物建造、海堤工程、港埠與港灣工程。
7. **海洋電能業**：海洋電能製造、海洋電能設備、離岸風力發電。
8. **海洋科技製造業**：雷達、聲納、遙感、遙控設備製造、量測儀器及控制設備製造、海洋淡化與利用、海洋化妝品、化學製藥、海洋深層水產業。
9. **海洋金融服務業**：海洋金融仲介、保險。
10. **海洋公共服務業**：海洋相關政府部門、海軍之服務。
11. **海洋教育與科技研究業**：海洋科技研究、海洋教育。

這十一項產業又可區分為三大類：「海洋基本產業」，包含海洋漁業、海洋油氣與礦業、船舶建造與維修業、海洋運輸業、海洋旅遊業、海洋建築業；「海洋新興產業」，包含海洋電能業、海洋科技製造業；以及「海洋服務業」，包含海洋金融服務業、海洋公共服務業、海洋教育與科技研究業。

藍色經濟六級產業

行政院國家發展委員會在2015年公布「海洋經濟整合發展構想」，規劃範疇包含一、二、三級之海洋經濟產業，例如漁業、水產加工、海洋能源、船舶修造、海洋旅遊觀光、運輸服務、海洋文化等；並提出「第一級產業 × 第二級產業 × 第三級產業 = 六級產業」的概念，即藍色經濟（海洋產業）六級產業（見圖3–2）。

臺灣產業六級化概念由日本KOSO經營研究所所長後久博❷在2012年於高雄南方農業論壇提出，隨後臺灣中衛發展中心❸在2013年翻譯其六級產業代表著作《開發暢銷商品之探索與分析：六級產業化、農商工合作的新創商業模式》，帶起臺灣對於六級產業概念的重視。六級產業為1×2×3而非1+2+3，因為每個產業都相互關連、相輔相成，只要有一個是0，就整體為0，缺一不可。

另外，國發會2015年的委託研究報告指出，臺灣重點海洋產業以法律政策為核心，包含海洋漁業、海洋觀光遊憩、海洋科技及航港造船四大產業及十三個行業類別。從圖3–3可以發現，除了大家熟知的漁業、水產養殖、海運及造船等傳統海事水產業外，海洋工程、海域遊憩、海洋文化業等也越來越受重視。人類在海洋的實際探索區域才大約5%，隨著科技進步、人口增加以及環境資源耗竭，新興海洋產業越來越重要。

註解

❷曾任日本全農公司顧問的後久博，致力於推動農、工、商業合作串連，為日本農業產業六級化的重要推手。後久博於2007年設立「KOSO經營研究所」，以活化農林漁業、農山漁村為宗旨，協助指導日本各地相關單位、農業團體進行產業六級化與品牌經營。

❸臺灣中衛發展中心前身是經濟部工業局中心衛星工廠制度推動小組，主要工作為產業輔導，強化產業上、中、下游合作網路。

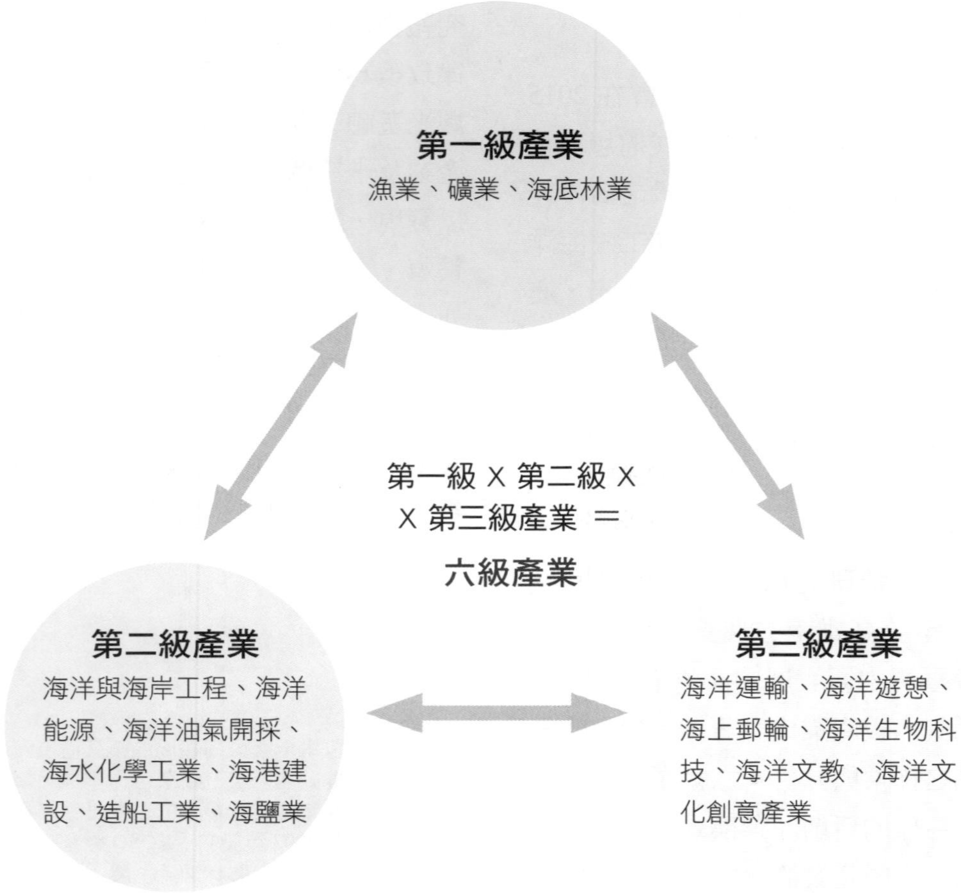

第一級產業
漁業、礦業、海底林業

第一級 X 第二級 X
X 第三級產業 ＝
六級產業

第二級產業
海洋與海岸工程、海洋能源、海洋油氣開採、海水化學工業、海港建設、造船工業、海鹽業

第三級產業
海洋運輸、海洋遊憩、海上郵輪、海洋生物科技、海洋文教、海洋文化創意產業

圖 3–2　藍色經濟六級產業概念

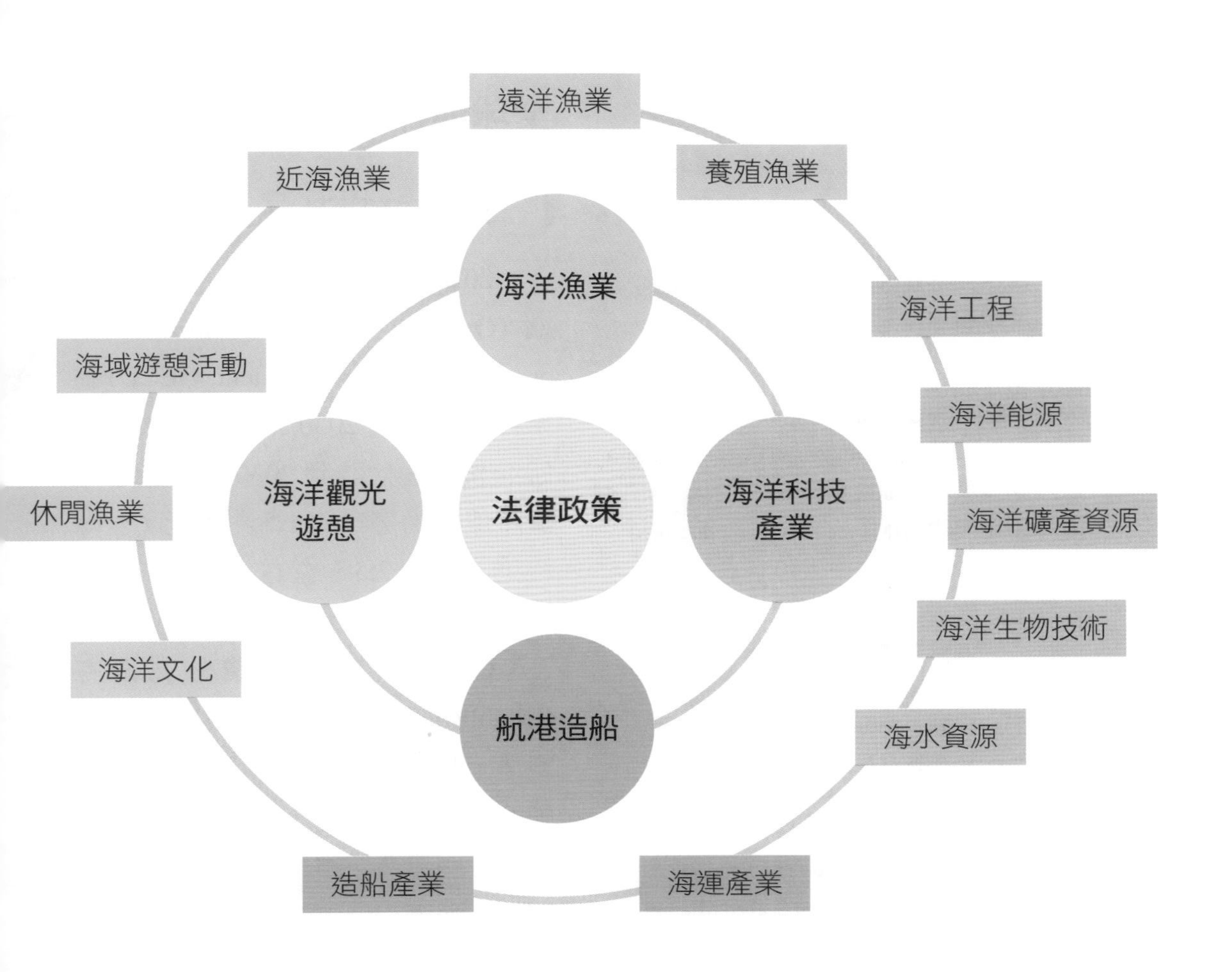

圖 3–3　臺灣重點海洋產業（資料來源：國發會，2015）

全球海洋產業趨勢

海洋產業現況

2016 年，經濟合作暨發展組織 (Organization for Economic Co-operation and Development, OECD) 在南韓首爾發表 2030 年海洋經濟趨勢研究報告，估計到 2030 年，藍色經濟產值將由每年約 1.5 兆美元（全球經濟產值的 2.5% 左右）提升二倍到約 3 兆美元產值。

OECD 將海洋產業分為既存 (Established) 產業與新興 (Emerging) 產業，其中既存海洋產業包含大眾熟知的捕撈漁業、水產加工、海運、港務、船舶建造與維修、石油及天然氣開採、海事設備、海洋觀光等，這些產業都是過去一個世紀穩定發展的海洋產業。

隨著科技發展、人口增加以及海洋資源過度使用，既有的產業面臨轉型，不少陸上相關產業嘗試轉移到開

既存海洋產業

- 捕撈漁業(Capture Fishery)
- 水產加工(Seafood Processing)
- 海運(Shipping)
- 港務(Ports)
- 船舶建造與維修(Shipbuilding and Repairing)
- 淺海離岸石油與天然氣開採 (Sallow Water Offshore Oil and Gas Drilling)
- 海洋製造與建造 (Marine Manufacturing and Construction)
- 海事與海岸觀光(Maritime and Coastal Tourism)
- 海洋商業服務(Marine Business Service)
- 海洋研發與教育(Marine R&D and Education)
- 清淤(Dredging)

新興海洋產業

- 海洋養殖(Marine Aquaculture)
- 深海及超深海離岸石油與天然氣開採 (Deep Sea and Ultra Deep Sea Offshore Oil and Gas Drilling)
- 離岸風力發電(Offshore Wind Energy)
- 海洋再生能源(Ocean Renewable Energy)
- 海洋及海床採礦(Marine and Seabed Mining)
- 海事安全及監控 (Maritime Safety and Surveillance)
- 海洋生物科技(Marine Biotechnology)
- 高科技海洋產品與服務 (High-tech Marine Products and Services)
- 其他(Others)

圖 3–4　全球海洋產業（資料來源：OECD，2016）

表 3-1　2010 至 2030 年海洋產業產值及就業人口變化（資料來源：OECD，2016）

產業類別	2010至2030年 每年產值成長率	2010至2030年 整體產值成長率	2010至2030年 整體就業人口成長率
海洋養殖	5.69%	303%	152%
捕撈漁業	4.10%	223%	94%
水產加工	6.26%	337%	206%
海事與海岸觀光	3.51%	199%	122%
離岸石油與天然氣	1.17%	126%	126%
離岸風電	24.52%	8037%	1257%
港口活動	4.58%	245%	245%
船舶建造與維修	2.93%	178%	124%
海事設備	2.93%	178%	124%
海運	1.80%	143%	130%
海洋產業平均成長	**3.45%**	**197%**	**130%**
全球經濟平均成長	**3.64%**	**204%**	**120%**

發空間較大的海洋產業。例如陸上養殖轉型為海洋養殖、淺海石油與天然氣開採轉型為深海及超深海石油與天然氣開採、陸上風力發電轉型為離岸風力發電及海洋能源發電等。人類對於海洋的了解仍有限，這些新興的海洋產業同時也面臨較大的潛在風險，需要更多人才投入研發與營運。

海洋產業未來

同年 (2016) OECD 也指出，由於全球人口數量、所需食物和能源快速增加、全球經濟發展、全球氣候及環境變遷、科技快速發展、海洋規範與管理等因素，海洋產業在未來十五年將有很大的變化。其中離岸風力發電將以每年超過 24% 的成長比例快速發展，未來二十年將有 8037% 的整體成長，就業需求也會有 1257% 的成長，將是未來二十年發展最為快速的海洋產業。其次則是水產加工及海洋養殖，每年都有超過 5% 的成長。就業人口唯一減少的產業是捕撈漁業，因為科技發展以及海洋資源匱乏，雖然產值增加，但就業人口不增反減。

從海洋產業到海洋職業

產業與職業的不同

「產業」是由一群提供類似且可相互代替的產品或服務之公司組成，這些公司生產相同或類似的產品，而且具有高度替代性，銷售給顧客。「行業」則是指經濟活動部門之種類，包含從事生產各種有形物品與提供各種服務的經濟活動在內。至於「職業」則是指個人所擔任的工作或職務，必須同時具有報酬、繼續性、為法律所許可並為善良風俗所認可。

「中華民國行業標準分類」（第十次修訂）❹將臺灣的行業分為十九大類、八十八中類、二百四十七小類、五百一十七細類。而「中華民國職業標準分類」（第六次修訂）❺則將職業分為十大類、三十九中類、一百二十五小類、三百八十細類。這些行業與職業的標準分類成為政府統計及政策推動重要的根據。

海洋類科升學就業路徑

臺灣海洋教育中心根據海洋產業類別，研擬出海洋產業八大就業類別，分別為漁撈產業、水產養殖產業、水產加工產業、海洋科研與管理產業、海洋與海岸工程產業、船舶建造與維修產業、海運產業以及海洋休閒觀光產業。

相對應的有大學漁業科學類科、水產養殖類科及水產食品類科等十三個大專類科。這些類科對應普通高中各類組及技術高中（高職）水產群、食品群、海事群、商管群及餐旅群五大群科。

註解

❹「中華民國行業標準分類」於 2016 年完成的第十次修訂，詳細內容可參行政院主計總處網站：
https://www.dgbas.gov.tw/ct.asp?xItem=38933&ctNode=3111&mp=1

❺「中華民國職業標準分類」於 2010 年完成的第六次修訂，詳細內容可參行政院主計總處網站：
https://www.dgbas.gov.tw/ct.asp?xItem=26132&ctNode=3112&mp=1

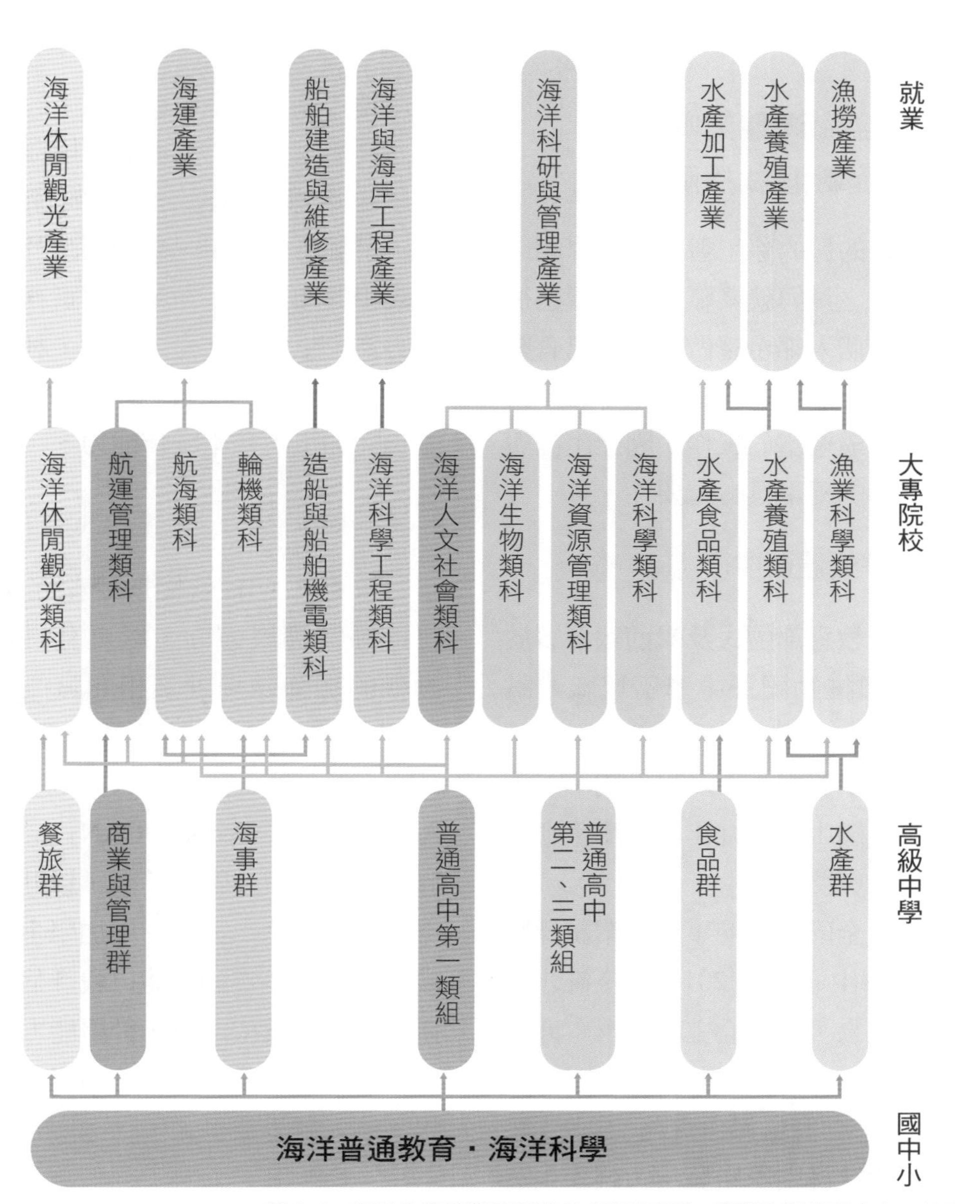

圖 3–5　海洋教育職業發展模型（資料來源：臺灣海洋教育中心，2018）

你適合海洋職業嗎？——從職涯試探開始

教育的目的除了習得本職學能以外，一技之長與就業職能的學習也很重要。每個人都希望做一份自己有興趣的工作，卻可能因為資訊不充分而無法選擇最適當的工作，因此生涯與就業選擇的平臺具有重要性。

職業試探暨體驗中心

臺灣教育部國民及學前教育署於 2016 年起推動國民中學區域職業試探與體驗，在國中設置「區域職業試探與體驗示範中心」，提供國小五、六年級與國中七至九年級的學生進行職業試探與體驗。

其中全國首座海事類職業試探暨體驗教育中心，在 2018 年於新北萬里國中成立，該中心主軸包含「商船操作實務」及「漁業養殖實務」二大核心內容。「商船操作實務」包含「船舶動力史特林引擎組裝」，讓學生透過擺動式蒸汽引擎組裝過程了解船舶動力構造；另有「海上航行模擬」，讓學生透過模擬海上船艙實際的操作，了解船舶種類、海圖判讀及旗幟意義相關知識。「漁業養殖實務」的核心為「生活中水產」課程，利用鎖管 ❻ 體驗一夜干製作過程，學習水產食物加工的基本操作能力。

就業職能平臺

教育部為有效協助學生了解自己的職涯發展方向，以更有目標、動機的加強職場就業相關職能，建制了「大專校院就業職能平臺」(University Career and Competency Assessment Network, UCAN)：結合職業興趣探索及職能診斷，以貼近產業需求的職能為依據，增加學生對職場的了解；並透過職能自我評估，規劃自我能力養成計畫，針對能力缺口進行學習，以具備正確的職場職能，提高個人職場競爭力。

興趣量表測驗

「興趣量表測驗」由美國心理學家約翰・霍蘭德 (John Holland) 自 1959 年陸續提出，奠基於職業興趣理論及其延伸，將人格與職業興趣結合，分為實作型 (Realistic)、研究型 (Investigative)、藝術型 (Artistic)、社交型 (Social)、企業型 (Enterprising) 及常規型 (Conventional) 六個類型，並提供量表以測驗個人興趣類型。

測驗結果與所選擇職業之間的適配程度會影響個人對工作的滿意、成就、適應以及穩定程度。大考中心也將該測驗結果與大學一百二十三個學類、十八個學群學類代碼表連結，學生可以依據測驗結果參考適合就讀的系所。

生涯與就業協助平臺

除了教育部 UCAN 平臺外，輔仁大學人才測評發展與職場健康研究中心於 2014 年建制「生涯與就業協助系統」(Career & Vocational Helping System, CVHS)，內容包含生涯探索、能耐發展、學職轉換以及生涯世界（包括了解系所、學類—職業進路、職業世界），可以協助學生了解未來職業的方向。

認識工作世界

「104 工作世界」利用大數據運算並號召各行業達人志工建構資訊平臺，協助學生探索真實工作世界。學生可以透過工作職業關鍵字搜尋、職業地圖、興趣 Holland 碼與科系導航四種方式探索職業資訊，藉以了解工作所需具備的學經歷條件、薪資狀況、市場需求、生涯路徑等。透過有興趣的職業，知道如何選擇技術高中群科或大學科系；並針對有興趣的職

註解 ❻ 鎖管屬於頭足綱管魷目的鎖管科（又稱槍魷科），雖然鎖管屬於魷魚的一科，但臺灣習慣將各種鎖管的幼體稱為小管或小卷，成體又被稱為透抽或中卷。

業向行業志工提問，釐清職業與學習等相關問題。

海洋職涯試探的推動

由於臺灣海洋相關科系畢業投入海洋產業工作的比例偏低，因此臺灣海洋教育中心從 2016 年開始辦理海洋職業生涯發展宣導，將海洋相關產業分為八大類：漁撈產業、水產養殖產業、水產加工產業、海洋科研與管理產業、海洋與海岸工程產業、船舶建造與維修產業、海運產業、海洋休閒觀光產業。

雖然實際狀況中，可能有部分海洋相關工作涵蓋了二種以上的類別，但希望透過分別介紹八個類別，先導引學生對海洋相關產業和升學路徑有初步認識、引起興趣，再進一步搜尋相關訊息多加了解。

2016 年，為強化學生海洋職業生涯發展的觀念，臺灣海洋教育中心製作一宣導短片 ❼，同時編撰教學手冊，提供國中及高中教師利用教案與教學影片，讓學科教師或生涯輔導教師可在晨間活動、週會或正式課程中進行教學應用或職涯輔導。手冊中也包含部分補充資料，以提供教師獲得更充分的教學參考。

對於海洋職涯有興趣者，可以透過臺灣海洋教育中心的海洋職涯試探網站觀賞海洋職涯探索影片；或從海洋職涯試探網站中透過 Kahoot 遊戲，了解海洋產業的八大類別以及其升學就業路徑；並透過二十至五十分鐘的教案，以更加了解海洋職業的發展路徑 ❽。

註解

❼ 臺灣海洋教育中心「海洋職業生涯探索影片」可至以下官方連結觀看：
https://www.youtube.com/watch?v=Swi0ZYEZrqs

❽ 臺灣海洋教育中心製作的教學手冊、教案等教學資源，可至中心職涯試探網站查詢：
http://tmec.ntou.edu.tw/files/13-1031-34470.php?Lang=zh-tw

表 3–2　海洋類科升學就業路徑 a（資料來源：臺灣海洋教育中心，2018）

高中職類科	高中職畢業進路	大專畢業進路	研究所畢業進路
海事群 航海科 普通高中 第一類組	升學：大專商船、航海、航運技術等系	升學：商船、航運技術研究所	升學：商船博士班
			就業：航運相關公司管理或研究人員
		就業：一等航行員、貨櫃運輸公司、船運公司、貨運承攬公司、港口裝卸公司管理人員	
	就業：乙級船員、二等航行員、貨櫃運輸公司、船運公司、貨運承攬公司、港口裝卸公司技術人員		
海事群 輪機科 普通高中 第二類組	升學：大專輪機工程系	升學：輪機、商船、航技研究所	升學：輪機博士班
			就業：港灣工程、航運公司等研發技術人員
		就業：一等管輪、驗船機構高級技術人員及工程師、輪船公司研發與設備工程師	
	就業：乙級船員、二等管輪、船廠、遊艇、漁船維修員		
商管群 航運管理科 普通高中 第一類組	升學：大專航運管理、運輸管理、物流行銷等系	升學：商船、航運、航管、運籌管理等研究所	升學：航管博士班
			就業：航運、航務、運輸、報關、貿易公司管理人員
		就業：航運、航務、運輸、報關、貿易公司管理人員	
	就業：航運、航務、運輸、倉儲、貿易、報關相關公司作業人員		
水產群 水產養殖科 普通高中 第三類組	升學：大專水產養殖、海洋生物、生命科學等系	升學：水產養殖、水產資源、海洋生物等研究所	升學：水產養殖、生物科技等博士班
			就業：水產試驗研究單位、海洋生物中心、海洋博物館、繁養殖公司研究技術人員
		就業：水產飼料、藥品製作、養殖公司、水族館等技術及管理人員	
	就業：生態旅遊、休閒漁業導覽、養殖場、水族館、水族量販繁養殖人員		

表 3–3　海洋類科升學就業路徑 b（資料來源：臺灣海洋教育中心，2018）

<table>
<tr><th>高中職類科</th><th colspan="2">高中職畢業進路</th><th colspan="2">大專畢業進路</th><th colspan="2">研究所畢業進路</th></tr>
<tr><td rowspan="4">水產群
漁業科

普通高中
第三類組</td><td rowspan="3">升學</td><td rowspan="3">大專漁業生產與管理、環境生物與漁業科學等系</td><td rowspan="2">升學</td><td rowspan="2">漁業科學、環境生物與漁業等研究所</td><td>升學</td><td>漁業科學、環境生物與漁業科學等博士班</td></tr>
<tr><td>就業</td><td>水試所、海洋生物研究中心、博物館、漁業相關研究技術人員</td></tr>
<tr><td>就業</td><td colspan="3">漁船、娛樂漁船、動力小艇船長或漁撈管理人員、潛水、釣具、休閒漁業經營管理人員</td></tr>
<tr><td>就業</td><td colspan="5">漁船漁撈員、漁船船長、潛水、釣具、休閒漁業從業人員</td></tr>
<tr><td rowspan="4">食品群
水產食品科

普通高中
第三類組</td><td rowspan="3">升學</td><td rowspan="3">大專水產食品、食品科學、食品科技與行銷等系</td><td rowspan="2">升學</td><td rowspan="2">食品科學、水產食品等研究所</td><td>升學</td><td>食品科學博士班</td></tr>
<tr><td>就業</td><td>食品公司、烘培、餐飲、醫藥、生技公司生產、品管、行銷、研發、管理以及食品技師、營養師</td></tr>
<tr><td>就業</td><td colspan="3">食品公司、烘培、餐飲、醫藥、生技公司生產、品管、行銷、研發、管理以及食品技師、營養師</td></tr>
<tr><td>就業</td><td colspan="5">食品公司、物流公司、餐飲、生技公司技術、品管、檢驗人員</td></tr>
<tr><td rowspan="4">餐旅群
觀光事業科

普通高中
第一類組</td><td rowspan="3">升學</td><td rowspan="3">大專海洋觀光、海洋休閒觀光、海洋遊憩、海洋休閒管理等系</td><td rowspan="2">升學</td><td rowspan="2">觀光、觀光休閒、休閒、觀光遊憩等研究所</td><td>升學</td><td>餐旅管理、觀光休閒管理、觀光暨休閒遊憩博士班</td></tr>
<tr><td>就業</td><td>郵輪企劃、銷售業務人員、海岸觀光、海洋運動、水上遊憩經營管理人員</td></tr>
<tr><td>就業</td><td colspan="3">郵輪企劃、銷售業務人員、海岸觀光、海洋運動、水上遊憩經營管理人員</td></tr>
<tr><td>就業</td><td colspan="5">郵輪公司餐飲客房事務員、海洋運動教練、海洋遊憩、海洋民宿、遊艇產業、休閒漁業從業人員</td></tr>
</table>

表 3-4　海洋類科升學就業路徑 c（資料來源：臺灣海洋教育中心，2018）

<table>
<tr><th>高中職類科</th><th colspan="2">高中職畢業進路</th><th colspan="2">大專畢業進路</th><th colspan="2">研究所畢業進路</th></tr>
<tr><td rowspan="4">實用技能班
船舶機電科

普通高中
第二類組</td><td rowspan="3">升學</td><td rowspan="3">大專系統與船舶機電工程、通訊與導航工程、系統工程暨造船、造船及海洋工程、海事資訊科技等系</td><td rowspan="2">升學</td><td rowspan="2">系統與船舶機電工程、通訊與導航工程、系統工程暨造船、造船及海洋工程、海事資訊科技等研究所</td><td>升學</td><td>系統與船舶機電工程、系統工程暨造船、機械與機電工程博士班</td></tr>
<tr><td>就業</td><td>造船、船舶機電、遊艇、漁船、動力小船建造與維修工程師及經營管理人員、船舶設計與船舶研究員</td></tr>
<tr><td>就業</td><td colspan="3">造船、船舶機電、遊艇、漁船、動力小船建造與維修工程師</td></tr>
<tr><td>就業</td><td colspan="5">造船、船舶機電、遊艇、漁船、動力小船維修技術人員</td></tr>
<tr><td rowspan="3">普通高中
第二類組</td><td rowspan="3">升學</td><td rowspan="3">工程科學與海洋工程、水利及海洋工程、海洋環境及工程、河海工程等系</td><td rowspan="2">升學</td><td rowspan="2">工程科學與海洋工程、水利及海洋工程、海洋環境及工程、河海工程等研究所</td><td>升學</td><td>工程科學及海洋工程、水利及海洋工程、海洋環境及工程、河海工程博士班</td></tr>
<tr><td>就業</td><td>工程顧問、水利工程、港灣工程、海事工程等相關公司工程師或研究員</td></tr>
<tr><td>就業</td><td colspan="3">工程顧問、水利工程、港灣工程、海事工程等相關公司工程師</td></tr>
<tr><td rowspan="3">普通高中
第二、三類組</td><td rowspan="3">升學</td><td rowspan="3">海洋環境資訊、海洋科學等系</td><td rowspan="2">升學</td><td rowspan="2">海洋、水文與海洋科學、海洋環境資訊、海洋環境與生態、海洋環境科技等研究所</td><td>升學</td><td>海洋、水文與海洋科學、海洋環境資訊、海洋資源與環境變遷、應用地球科學、海洋科學等博士班</td></tr>
<tr><td>就業</td><td>海洋研究機構、工程顧問公司工程師或研究員</td></tr>
<tr><td>就業</td><td colspan="3">工程顧問公司環境檢測、工程規劃、海上測量工程師</td></tr>
</table>

臺灣海洋產業的永續發展

海洋經濟追求的是利益最大化，例如在航運上用最便宜的燃料產生最大的動力，但這些低成本燃料卻可能對海洋環境造成汙染；在漁業上用最大的網具捕撈最多的漁獲，然而卻可能因為過度捕撈而影響海洋生物的數量。因此經濟與環境可能產生的衝突，以及如何在利益最大化與環境永續之間取得平衡，將是未來海洋產業發展最重要的議題。

2016 年第四屆海洋與臺灣研討會提出「2016 永續海洋行動呼籲 (2016 Call for Actions on Sustainable Ocean)」六大政策建議方向，包含「加強研究，因應氣候變遷」、「落實教育，保存海洋文化」、「整合事權，潔淨海洋環境」、「強化管理，保育海洋生態」、「整合規劃，建立海域秩序」、「輔導產業，開啟藍色經濟」。六大方向之下共有三十七項建議，概要如下：

1. 加強國際化及國際合作，配合南進政策，成立「海洋文化國際和平公園」，就「氣候變遷與海洋酸化」、「塑膠廢棄物抑制」、「海洋能源及離岸風電發展」、「水下文化資產保存」、「海洋保護區網絡建構」、「促進永續漁業合作」六大重要海洋議題，進行國際合作研究。
2. 加強海洋基礎研究，包含建立「全國海岸藍碳地圖」、「臺灣海洋研究與教育基金」、「長期海洋生態監測與研究資料庫」，以及資訊公開制度。
3. 擬定海洋管理相關計畫，例如「水下文化資產保存中長期計畫」、「國家海洋重點產業中長程發展計畫」、「遠洋與沿近海漁業永續管理四年計畫」，以及設置「海洋廢棄物專案辦公室」、「北方三島等海洋保護區網絡」等。
4. 海洋治理法規方面，儘速制定「海域管理法」、「水域清潔法」、「海上交通安全法」，並確立與公布海洋專責機構之進程，從而積極引導海洋永續發展。

海洋產業的永續發展需要更多人才投入，在永續的基礎之下，研發新的科技及探索新的知識，才能在經濟發展的同時，兼顧環境與社會的平衡，達到永續發展的目標。

我思✕我想

1 ▸ 看完本文介紹的海洋產業與職業，你最有興趣的是哪一個？

2 ▸ 2016 年第四屆海洋與臺灣研討會提出三十七項「永續海洋行動呼籲」。請參考以下連結，了解內容後，試著提出你認為哪一項對於海洋產業發展最有迫切性、需要重點推動？為什麼？

2016 永續海洋行動呼籲
https://oceantaiwan.weebly.com

3 ▸ 臺灣在 2012 年 2 月訂定「千架海陸風力機」計畫，目標於 2020 年前完成 1200MW 陸域風場設置，以及 320MW 離岸示範風場，並於 2030 年前完成 3000MW 離岸風場設置。二者合計共將設置一千架以上風力機組，總裝置容量將達 4200MW。但設置離岸風場，除了可能影響沿岸漁業、漁民捕魚範圍外，也可能影響海洋生物的棲息地，最著名的就是中華白海豚。因此引發居民、漁民及民間組織抗議，而讓「千架海陸風力機」計畫延宕。發展綠色能源產業之際，可能會影響漁業與海洋生物。請嘗試思索：離岸風電產業應如何發展，才能在經濟、環境間取得平衡？

4

海洋文化

臺灣有海洋文化嗎？

文／林鳳琪

審閱／卞鳳奎、謝玉玲

圖 4–1　四面環海的臺灣——臺灣擁有良好的地理位置及漁源條件，是個具高度開放性的海島。

四面環海的臺灣與海洋密不可分，具有高度開放性，得天獨厚的地理條件吸引許多移民來臺開墾。在流經臺灣海域的黑潮、大陸沿岸流與季風交錯影響下，臺灣擁有良好的漁場條件，成為魚類和貝類繁殖及棲息的好所在。臺灣美食聞名世界，尤其是漁港的新鮮海產。然而我們只有「海鮮文化」嗎？被海洋環抱的臺灣島嶼，是否有「海洋文化」？

文化是生活的累積，海洋文化可說是人類在海洋活動的能力及生活方式，例如利用船舶航海、捕魚、探險，其內涵涉及歷史、民俗祭典、文學及藝術等。

臺灣位處海洋之中，生活習俗、漁業活動、商業貿易等，皆直接或間接與海相關。在歷史的演變過程中，憑著外來文化和既有文化的融合及貿易活動，透過海洋和世界連結，賦予臺灣活力與冒險精神，增加了族群的多樣性，發展出島嶼的多元與興盛。

讓我們嘗試從「海洋文化」的視角出發，來觀看多采多姿的臺灣。

海洋記憶——多元開放的歷史文化

由於臺灣歷史上受到東、西方不同勢力的移入、入侵與殖民，這些民族為臺灣帶來自身的民俗文化，展現各種不同的色彩，創造出當前多元而融合的生活方式與內涵。

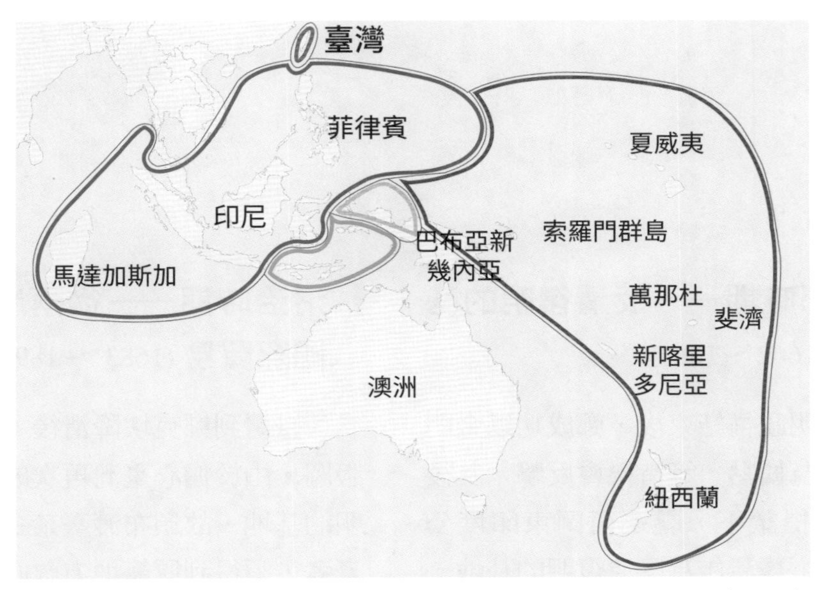

圖 4–2 臺灣被視為南島 (Austronesia) 語系內部分化的主要源頭——圖中不同顏色代表不同的分支，臺灣位處目前全世界南島語系最北端的區域。

17 世紀以前——南島語系與漢人漁業移民

從歷史發展過程來看，早在至少三萬年前便已有人類居住在臺灣，從事各種活動。大約在六千年前，南島民族先驅始來臺並定居下來，住在沿海一帶，利用水資源生活，運用海洋發展交通和貿易。在臺灣北部十三行文化遺址中，出土的許多器物，呈現當時人們和中國沿海的漢人有所接觸，甚至進行商貿往來。隨著早期漢人的加入，帶來了航海捕魚技術、不同的生活方式與信仰儀式。

大航海時代——荷西殖民經濟 (1624～1662)

16 世紀起，隨著葡萄牙、西班牙和荷蘭等歐人東來，發現臺灣位置優越，中國、日本和歐洲商人在此進行轉運貿易，原本中國海盜及日本倭寇活躍之處，出現不同的生活風貌。即使明朝因倭寇猖獗，在 14 至 16 世紀有近二百年的海禁、日本於 17 到 19 世紀鎖國、西班牙於 1642 年撤出，荷蘭人仍然在此活躍進行國際貿易，直到鄭氏入臺。

明鄭時期——反清復明的基地 (1662～1683)

南明政權結束後，鄭成功以金門及廈門為據點，等待機會反擊。其後在何斌提議下，驅逐荷蘭東印度公司，攻下臺灣作為反清復明的基地。鄭氏在臺雖只有二十一年，且清代為防鄭氏父子也行海禁及遷界令，欲以經濟封鎖切斷鄭氏對外的聯繫，但鄭氏和日本及東南亞穩定貿易，最遠和英國簽通商條約，並突破與對岸間的貿易，透過海洋和各地人們進行物資交換。

圖 4–3　鄭成功勢力範圍——深綠部分為鄭成功曾實際占領的區域，淺綠為其影響範圍。

清治時期——從兩岸貿易到國際貿易 (1683 ～1895)

臺灣到鄭克塽降清後，始入清廷版圖。由於擔心臺灣再次成為反清復明的基地，故頒布渡臺禁令：商民來臺者，須得到原籍地方政府許可，經臺廈兵備道稽查，取得照單，並由臺灣海防同知批准，不得攜眷、禁粵民（康熙 35 年施琅逝世後解除）。因此在1858年開港前主要為兩岸貿易，以米糖經濟為主；開港後，各國勢力進入，國際貿易才重新展開，以茶、糖及樟腦為出口大宗。

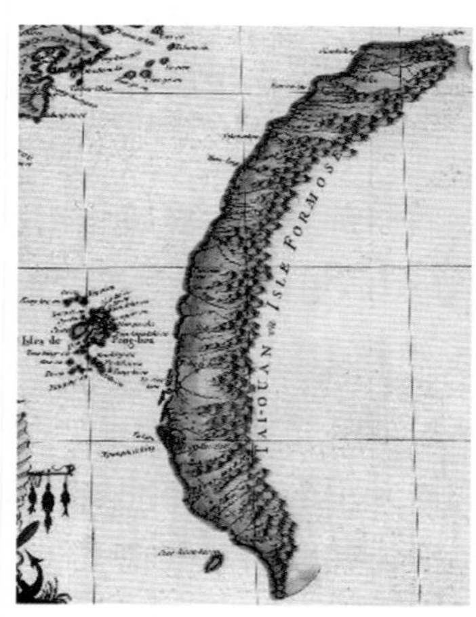

圖 4–4　清廷在臺灣實際控制的區域——被視為化外之地的東部未繪入（1735 年法國人繪製）。

日治時期——殖民經濟到戰爭下的臺灣（1895～1945）

日本殖民臺灣期間，雖頒布禁止臺民與中國往來的法令，但交通建設、基隆港及高雄港的整建，擴大了農業（如香蕉、鳳梨）、礦業（如煤礦、金礦）、漁業、船運及貿易的規模。第二次世界大戰後期，臺灣及周圍海域扮演重要角色，是日本前往東南亞的最佳跳板，而戰火使人民生活吃緊，支援物資也必須透過海洋才能送達殖民母國日本。

政府遷臺——反共下的海禁到兩岸貿易開放（1945後）

受兩岸分治影響，1949年至1987年為臺灣的戒嚴時期，兩岸海洋成為禁區。雖然和其他地區如歐美、日本等國仍有進行貿易，但海岸有駐軍防守，禁止人民親近海洋，並增加許多海防設施，進出都要嚴格管制，對漁業及貿易造成很大的衝擊。1970年代，加工出口區成立，貿易向外擴展，奠下遠洋漁業、貨櫃業和遊艇製造外銷的基礎。解嚴後，海邊成為能夠自由到訪之處，卻帶來環境問題，使海洋生態面臨嚴峻的挑戰。

圖4–5　不同形式的海禁和鎖國

1371~1567 明朝防倭寇

禁止人民對外通商貿易、限制外國人到中國進行貿易。直到16世紀中葉，才開放福建漳州月港，允許泉州和漳州商人對外貿易。

1656~1684 清朝防鄭氏

嚴禁商民船隻私自出海，並將東南沿海居民內遷約30至50里（約15至25公里），直到鄭克塽降清後解禁。

1949~1987 戒嚴時期

國共對峙時期，遷臺後的國民政府實行兩岸間的海禁，切斷臺灣和中國一切聯繫，在政治上強化反共宣導，直到1987年解嚴時解除。

誓海盟水——感謝與敬畏的祭典

早期漂洋過海的人們，由於對海不夠了解及航海技術尚未成熟，對海洋充滿尊敬和敬畏，而產生了海洋信仰。例如早年漢人橫渡黑水溝時，為排除海上作業的危險，除了事先祈求平安與豐收，也常攜帶神像過海，期待透過民間宗教的力量，得到賜福與保佑。待滿載漁獲或平安到臺後，因心懷感謝而產生許多祭典，表現出對海及海洋神靈的敬畏及依賴之心。而臺灣原住民的海洋信仰為泛靈信仰，是一種敬拜神明、尊敬祖先傳承的儀式，也是社會生活的一部分。以下介紹臺灣各地區具代表性的海洋民俗儀式與祭典。

北部野柳神轎淨港——帶著神明跳海與過火

臺灣北部淨港儀式於每年元宵節上午舉行，由新北野柳保安宮主辦。最大的特色是「水裡來，火裡去」，主要由「淨海巡洋」、「神明淨港」與「神明過火」三個活動組成。

「淨海巡洋」即漁船載著廟內眾神，如開漳聖王、天上聖母、周倉爺、

圖 4–6　淨海巡洋——漁船載著眾神祇巡繞港區數圈，祈求出海平安。

土地公等神祇，繞行港區好幾圈，邊繞邊放蜂炮，希望護佑漁船平安進出野柳漁港。

接著當地壯丁扛著眾神，進行「神明淨港」：從保安宮前廣場出發，到岸邊一個一個帶著神明躍入野柳港中，再從對岸上陸。盼望藉著神力洗淨漁港，祈求漁船航行順利及滿載漁獲而歸。由於儀式特殊，近年和文化祭結合，也開放民眾跳海，並頒發「勇士證」，讓民眾也能被神明庇佑的海水浸潤。

「神明過火」也是一種求平安的儀式：淨港後，會前往野柳風景區停車場一帶，由法師引導撒米、鹽（以降低火的溫度），待吉時一到，扛神轎和神像的人員踏火而過，祈求平安的民眾也跟隨通過。過火儀式結束後，當天下午會帶著神明繞野柳全境，祈求神明護佑野柳。現今這些儀式已和觀光活動結合，演變成文化祭；並設計專屬的杯筊吊飾，象徵為新的一年帶來平安和福氣。

圖 4–7　神明淨港（上）與神明過火（下）——透過帶著神像躍入海中、扛著神轎踏火而過等儀式，祈求神明庇護。

中部媽祖繞境——跟著媽祖去旅行

圖 4-8　大甲媽祖進香路線（資料來源：大甲鎮瀾宮，2018）

為求出海順利，早期漢人渡臺時，通常會祭拜航海守護神——媽祖。關於媽祖，有許多傳奇故事流傳，廟宇也不斷增建。每年農曆 3 月 23 日為媽祖誕辰，信徒們以「進香」方式求香火保平安。中部以三個地區的媽祖活動最有名：臺中大甲媽祖進香、雲林北港媽祖繞境及苗栗通霄沙屯媽祖南巡。

大甲媽祖進香為九天八夜的繞境活動，行經四個縣市，路程約 300 公里，每年 4 月左右有上萬信徒參加，為臺灣宗教盛事。不但與觀光文化結合，吸引各國人士參與，還可用 APP 及 GPS 定位，掌握活動行經路線。其中有八個重要儀式：祈安、上轎、起駕、駐駕、祈福、祝壽、回駕、安座，每個儀式都必須按照一定的程序、地點及時間來進行。

圖 4–9　臺中大甲鎮瀾宮——鎮瀾宮為大甲媽祖繞境進香活動的起點。

圖 4–10　途經彰化鹿港天后宮的媽祖繞境隊伍——大甲媽祖進香與北港媽祖繞境、通霄沙屯媽祖南巡、東港迎王平安祭典等活動，分別在 2010 至 2011 年，被文化部列入國家無形文化資產民俗類。

大甲媽祖繞境途中，從陣頭表演、大甲橋上施放百萬煙火、彰化搶轎（為了讓媽祖停久一些）、西螺吳厝戲班暗冥照路（二十四小時等媽祖）到新港虎爺吃炮（炸轎儀式）等重要流程，有的人求平安、有的人還願，規模極大，參加人數眾多，被譽為世界三大宗教盛事之一。

此外，北港朝天宮約在 5 月展開二天媽祖繞境。最主要的特色為「炸轎」，又稱「吃炮」：在神轎繞境時，二旁的商家及住戶會點燃堆放在轎子必經之路的鞭炮。鞭炮聲加火光，常發生炸傷事件，然而是信徒表達歡迎的重要儀式。

而通霄沙屯媽祖南巡約在 5 月以徒步進香方式進行，為時八天七夜，路程來回約 400 公里。行程經媽祖的旨意決定，因此無固定時間及路線。大約會經苗栗、臺中、彰化及雲林四個縣市。由媽祖信仰伴隨而來的祭儀及習俗，已使其從漁民信仰擴大到全臺活動。

圖 4–11　北港朝天宮炸轎活動

圖 4–12　雕工精美的王船

南部王爺信仰——燒王船求健康平安

早期瘟疫猖獗，臺灣人以作「王醮」來拜王爺（瘟疫神），以求安康。王醮開始前要造好王船，到海邊請王，最後牽王船繞境。祭典中有燒王船的儀式，原意是「送瘟疫出去」，現已成為祈求平安的活動。另外，王船造型優美、雕工細緻，有許多歷史故事及神話融入在其中，成為在地一大特色。

祭典每三年辦一次，分別在牛、龍、羊及狗年舉行。目前固定舉行的有屏東東港、琉球嶼及臺南西港地區。屏東東港東隆宮約 10 月中舉行，為期一週，以王船建造及陣頭表演為特色，已正名「東港迎王平安祭典」。

圖 4-13　「千人拉船」搬運王船

臺南西港慶安宮約 4 月中作王醮，先由主事人員向王府參拜，恭請王爺、媽祖登船後，以「千人拉船」陸上行舟的方式，花一小時左右到目的地進行儀式。

屏東琉球嶼三隆宮則於 11 月中舉行燒王船儀式，為期一週。儀式當天，會有四、五十艘漁船群聚，依序載神轎航行。信徒從碼頭出發，神轎會繞行全島，稱為「遶港腳」。燒王船儀式對琉球嶼而言是非常重要的祭典，為當地居民團聚的盛事。

東部達悟漁祭與船祭——祈求豐收和航行平安

臺東蘭嶼四周環海，居住在島上的達悟族以捕魚為生，每年約 3 至 6 月循著黑潮迴游而來的飛魚，是最重要的漁獲。由於將飛魚視為上天給予的禮物，因此要慎重以待、舉行祭典。達悟族的飛魚祭大致可分為五階段，如右表所示。

表 4–1　達悟族飛魚祭五階段——時間以達悟族曆法為主，達悟曆時間不固定，以飛魚季節為校正基準，以下提供大致對應的公曆時間。（資料來源：余光弘，2004、原住民委員會，2018）

五階段	時間	內容概要
招魚祭	大船招魚祭：約 2 月底 小船招魚祭：約 3、4 月	（此處以大船招魚祭為主。）此祭典代表飛魚祭的開始。祭典當日清晨，族裡男子穿戴銀盔、甲冑、丁字褲、橫紋衣等傳統服飾，在海邊集合、排列好捕魚船隻，進行祈求漁獲豐收的儀式。在船主領導下，船員們舉起銀盔做招魚手勢，同時口念禱詞，祈求飛魚到來。過程中還會以食指沾雞或豬的牲血塗在卵石上，並將牲血也塗在船首、捕飛魚用的小竹管，祈禱族人安康、捕魚順利。
大船初漁祭	（大船）招魚祭後新月初現時	大船進行第一次漁獵，初次捕獲飛魚時，使用招魚祭時沾牲血的小竹管，在飛魚身上做象徵性的塗血。
小船初漁祭	（小船）招魚祭次日	在白天乘小船垂釣，帶著大船初漁祭時沾牲血的小竹管，捕到飛魚後同樣做塗血動作。食用初次捕獲的飛魚時，對魚唱祝禱詞。除飛魚外，其他魚類不捕，吃不完要曬乾儲存。
飛魚收藏祭	約 6、7 月	此祭典代表飛魚季節已經結束。結束捕魚當天，村民將魚尾巴串起、吊曬於海邊。從這天起改捉其他魚類（如紅尾、石斑等）。
飛魚終食祭	約 9 月	在收藏祭到終食祭前，把飛魚曬成魚乾。到終食祭當天必須將魚乾吃完，第二天不再食用，並將剩餘的分送臺灣本島朋友或餵食家畜。

圖 4–14 達悟族拼板舟

在不同的時間，用不同的方式，捕不同的魚類，可調節海洋生態，也形成一種約定俗成的社會規範，不過量捕殺單一魚類、兼顧生態保育。

除了飛魚祭，達悟族另有一全島盛事——新船下水祭。拼板舟是達悟族重要的捕魚及交通工具，更是其文化象徵之一。舟型有二種：一是大船，可載約十人；一是小船，為家庭用，最多可載三人。拼板舟的二端為向上尖尖翹翹的造型，由二十多塊木板接合而成，材料自島上就地取材，如龍眼樹、赤楠、福木等，用木釘、榫接方式及樹脂製成，以紅、黑、白三色為主。因捕飛魚時以大船為主，大船造好後，為保出海的平安要辦下水儀式。以往會在招魚祭前舉行，現在多辦在 6 月。

船主會事先在自己的田地上種芋頭，祭典前幾天，婦女佩瑪瑙、戴禮帽，到田中挖芋頭，將芋頭覆蓋整艘大船。祭典當天，村民會殺豬，船主贈肉和芋頭給各家。婦女會在這天以甩髮舞向神求平安及豐收。而全村男子會穿丁字褲、橫紋衣、甲冑及戴銀盔，舉行驅惡靈或鬼怪的儀式——青年們抬起船朝海邊前進，途中會不時停下，握拳吼叫，並將新船往空中拋數次。直到抵達海邊，才開始試航。

圖 4–15　新北福隆海灘上的沙雕藝術盛典

現代海洋慶典——傳統之外的新生能量

傳統慶典之外，還有許多結合休閒觀光、貼近生活的現代海洋文化活動，在臺灣島嶼上遍地開花，注入新的文化能量，例如：

1. **新北貢寮國際海洋音樂祭**：2000 年起，每年 7 月，國內外樂團在貢寮福隆海水浴場沙灘上演出，被視為臺灣年度海洋搖滾盛事。
2. **新北福隆國際沙雕藝術季**：2008 年起，每年 4 至 7 月，同樣於福隆海水浴場舉行。遊客在欣賞國際沙雕作品之餘，還能從事帆船及獨木舟等水上活動。
3. **高雄國際貨櫃藝術節**：2001 年起，二年一次，於 1 至 3 月舉辦。高雄港的貨櫃「承載著做為國際城市的海洋動力與產業能量」，由藝術家、設計師及建築師加以改造，歌頌並賦予貨櫃全新意義。
4. **屏東墾丁春吶音樂祭**：1995 年起，每年 4 月，眾多樂團及樂迷在墾丁海灘聚集原創音樂能量，為臺灣歷史最悠久的大型海洋音樂祭。
5. **屏東東港黑鮪魚文化觀光季**：2001 年起，每年 5 至 6 月舉行，結合屏東漁港觀光及美食特色。近年來由於漁獲量下降，為保護海洋資源，而開始有活動轉型的討論與促動。
6. **澎湖國際海上花火節**：2003 年起，每年 4 至 6 月舉辦。在入夜的海邊釋放煙火，搭配現場音樂演出，大海、音樂與觀光結合，為澎湖海島夏季盛會。

浪花為歌，海水成墨——當海洋化為藝術與文學

當人類「與海洋發生關聯」，除了整體生活方式、民俗信仰的轉變、新生，與海的連結還會滲透、深入文化的更多方面，乃至構成文化的人類個體。海洋文學與藝術便由此誕生。

海洋藝術——人與海的對話

廣義的海洋藝術為人類與海洋產生聯繫後，以海為題材、出發點，創造出具有審美價值的作品、活動。這份產物可以表現作者個人與海洋連結而出現的情感、意識、思想，甚至賦予接觸者某種共感。表現形式包含音樂、繪畫、工藝、攝影、電影、戲劇、舞蹈等各種藝術類型。而這樣的藝術產物最後又能從個人回到整體，成為整個文化的一部分，二者相互影響、交融，形構出今日所見的種種海洋文化。

圖 4–16　高雄駁二藝術特區的漁船貨櫃藝術裝置——人們接觸海洋，包含與海相關的所有人事物，乃至整體產業、生活等，從中獲得啟發、靈感而創造出藝術作品，即為廣義的海洋藝術。

圖 4–17　高雄原住民祖韻文化樂舞團的達悟族歌舞演出——海洋藝術活動也包含結合音樂、舞蹈等複合形式的表演藝術。圖中表演者穿著達悟族的重要文化特色丁字褲，將新船下水祭拋船儀式搬上舞臺，展現蘭嶼海洋文化風貌。

如同許多藝術活動，海洋藝術也常以複合形式呈現，例如電影結合音樂、舞蹈等，展現海洋文化的內蘊。以 2018 年上映的臺灣電影《只有大海知道》為例，導演崔永徽費時六年拍攝，自蘭嶼真實故事改編，島上的達悟族海洋文化貫穿了整部作品。「老師，那個丁字褲是老人在穿的！」電影聚焦蘭嶼年輕世代由於外來文化、現代化潮流等衝擊，與傳統文化之間的拉扯、斷裂。在這個臺灣海洋民族的舞蹈及吟唱中，觀眾可以看到一群達悟族孩子在年輕老師的引導下，嘗試尋回海洋文化根源、賦予「飛魚子民」這個珍貴身分現代意義的故事。這部電影即是透過影像、音樂、舞蹈等藝術形式的結合，展現特定海洋文化內涵以及情感的海洋藝術作品。

海洋文學——海洋文化的直接展演

學者張高評認為海洋文學是「海洋文化最直接的體現，較生動的演示」，其內涵相當廣闊，舉凡描寫「海洋的各種自然狀況」、「海洋的各種生物」，而至「人和海洋互動的種種情況」，包含「船員、漁民、海軍、遠航」等，都屬於海洋文學的範疇。

臺灣島嶼上含納著各種類型的文學能量，海洋文學的創作除了具有代表性的作家如廖鴻基、夏曼・藍波安等人外，多散見於其他作家的文字之中。本文在有限篇幅裡，以臺灣現代作品及其內容性質為主，略敘如下，或可稍見臺灣海洋文學一角。

有些作家會透過文字傳達海洋的自然景況，使讀者得以跨越時空，獲得置身其中的體會、感受。如楊牧在〈你住的小鎮〉一詩中，將打在海灘上的浪花形容為絲帶：「那兒的海灘像絲帶／細細地，白白地繞著」。

或者透過描繪海中生物，嘗試將牠們帶到陸上的人類讀者眼前。如廖鴻基在〈奶油鼻子——瓶鼻海豚〉一文寫下對鯨豚的實際觀察、與牠們的互動，使人們更了解這些生物：「牠的眼神裡沒有挑釁、沒有侵略、沒有狡狎粗暴，我看到的是笑容，是頑皮真摯的笑容。」在作家筆下，這些鯨豚就像人，每一隻都有自己獨特的個性，喚起「牠們是真實的、珍貴的生命個體」之意識，從而使人們感受到這些維持生態平衡的海洋生態圈高級消費者「是重要的、有意義的」。

接著焦點來到「人」身上。有些作家能以自己的親身經歷，呈現在海上討生活的故事，讓我們得以探知海上生活的真實情形。例如夏曼・藍波安寫出達悟族人對海及蘭嶼的情感，廖鴻基寫下討海人的真實生活面貌，他們的作品能打動讀者的心，正是因為這些內容出自真實的海洋經驗。

廖鴻基曾寫道：「好幾次我看著驚濤駭浪如滾滾洪流沖擊著船隻而驚

圖 4–18　廖鴻基筆下親人的瓶鼻海豚——海洋文學範疇廣闊，包含以海洋生物為題材的作品。

惶害怕；多少次我猶豫著海湧伯說過的話，討海要有討海人的命。」（〈討海人〉）「船隻一駛離港口，討海人便得把性命託付在命運之神手裡。」（〈船難〉）「拜媽祖、拜水仙、拜船神、祭好兄弟等等，該做的儀典，從來沒一樣疏忽過。……簡單講就是要尊敬『他們』存在。」（〈看見〉）「我了解阿山放下尾繩的用意——在船隻初航就沾個魚腥味會是新船的好頭采。」（〈好頭采〉）海上航行有許多不確定、無法掌控的外在因素，因此討海人在生死觀及信仰上，常有一套模式、禁忌。許多討海人相信「靈」的存在，並對其抱持尊敬之意。

除了人的生活，海洋文學還會觸及人面對大海時的心靈活動，書寫海洋本身及海洋生活文化帶給人類的感受、意義、啟示等，乃至由海衍生而出的各種意象、聯想。如鄭愁予在〈水手刀〉一詩中，以刀刃意象描摹水手航海生涯中的孤寂與堅韌：「一把古老的水手刀／被離別磨亮／被用於寂寞，被用於歡樂／被用於航向一切逆風的／桅蓬與繩索……」。又如余光中在〈高樓對海〉道：「燈塔是海上的一盞桌燈／桌燈，是桌上的一座燈塔／照著白髮的心事在燈下／起伏如滿滿一海峽風浪」，以兩岸分治的海峽及其歷史為背景，交疊海上燈塔與桌上檯燈意象，寫出對人生的慨嘆。

學習大海的寬廣

身處在海洋中的臺灣，自古以來即深受海洋影響、啟發，不同族群留下了深厚的歷史記憶與多元、豐富的文化脈絡。學者花亦芬曾說：「臺灣在世界史上最有活力的時期，都是直接連接到遙遠的廣闊世界——不管是南島文化連結到的大洋洲，17 世紀大航海文化連結到的歐美……。在這些時期，我們從來就不是只以『東亞』(說穿了是中國儒家)為限的『帝國邊陲』。」「從海洋看臺灣，看到的從來就是完全不同的景象。」「臺灣應該要勇敢與國際社會接軌，開朗面向海洋。」我們都應該學習大海的寬廣，透過海洋與世界相連，找到臺灣的價值與特色。

我思 ✕ 我想

1 ▸ 臺灣海洋祭典在時間的推進中，從傳統民俗儀式到現代休閒觀光、藝術活動的結合，產生了怎麼樣的相承與轉變？

2 ▸ 世界各地是否也有每年必辦的海洋祭典或活動？其代表的海洋文化為何？與臺灣有何異同？

3 ▸ 學者戴寶村曾說：「臺灣是一個位於歐亞大陸邊緣，東邊是太平洋、西邊是臺灣海峽、北邊是東海、南邊是南中國海四面環海的島嶼。位處歐亞大陸板塊最東緣，東側與菲律賓海板塊相接，南側與南中國海板塊相鄰，地當現今地球板塊活動最劇烈、頻繁的地區——環太平洋地震帶與太平洋火圈之上，而形成此一地形構造複雜、山脈高聳的海島。所以臺灣是一個海島，也是一個高山之島。」並以「擺盪於海陸之間的臺灣海洋歷史文化」點出我們的文化背景。如此說法的背後原因、脈絡可能為何？臺灣的海洋文化因而有特別之處嗎？

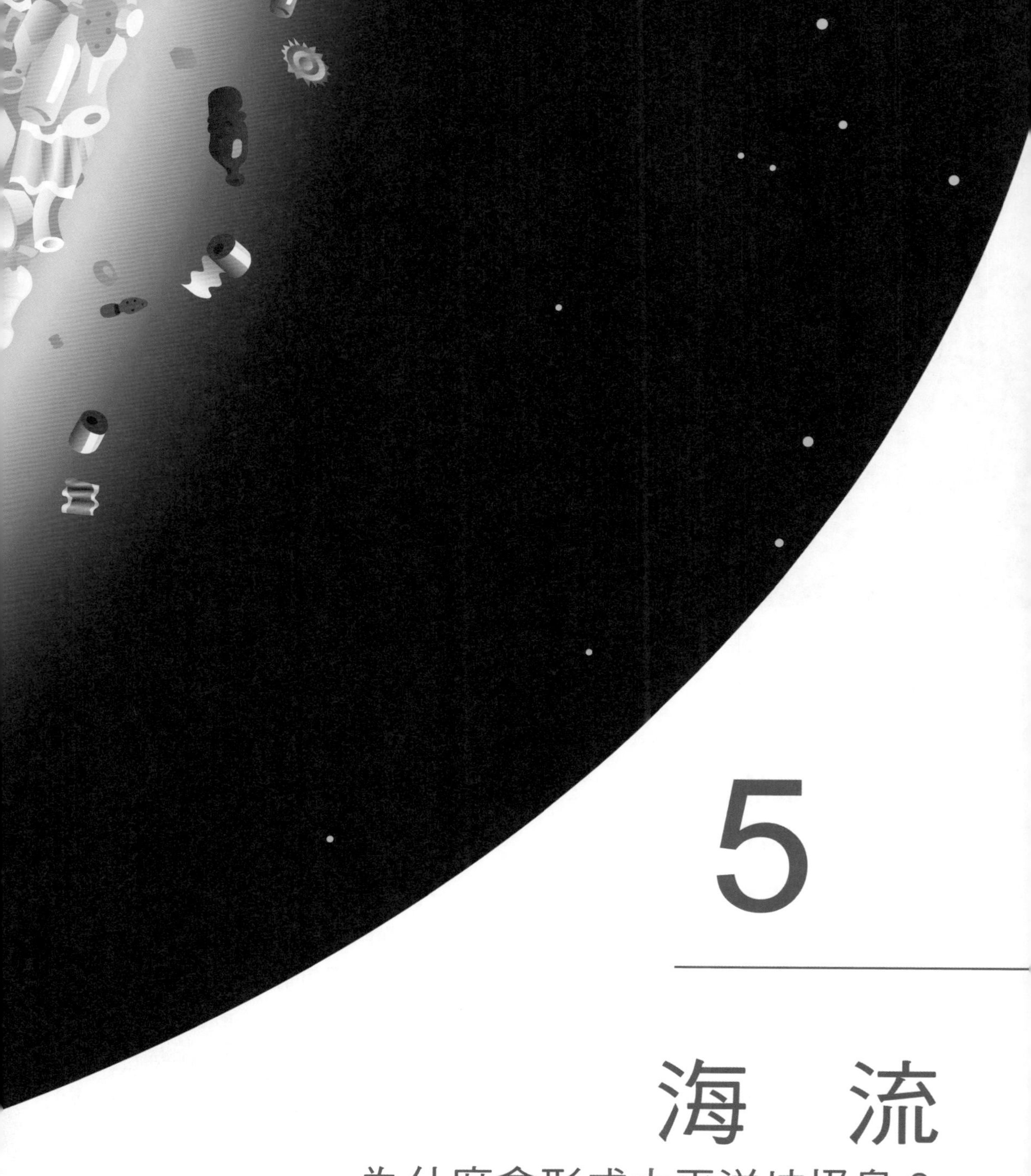

5

海　流

為什麼會形成太平洋垃圾島？

文／陳正昌
審閱／張正杰

圖 5-1　成千上萬的人造垃圾漂流到美國與日本之間的太平洋海域上，形成一個超過 160 萬平方公里、約四十四個臺灣大小的巨大垃圾島，並持續擴大中。位處公海的垃圾島，該由誰來負責處理呢？

逐漸擴張的國土——太平洋垃圾島

太平洋是全世界最大的海域，目前在這個面積超過全球所有陸地加總的海面上，出現數個垃圾聚集區。其中最大的一個垃圾聚集區位於東太平洋，稱為太平洋垃圾帶或太平洋垃圾島 (Great Pacific Garbage Patch)。

為了喚起全球對塑膠廢棄物的關注，非營利環保組織塑膠海洋基金會 (Plastic Oceans Foundation) 與英國社群媒體娛樂公司 LADbible 合作，嘗試向聯合國申請此垃圾島成為第一百九十六個獨立國家，連貨幣、郵票及護照都設計好了，而第一位「公民」是美國前副總統高爾 (Al Gore)。然而這個垃圾島上面沒有住民，只有數以萬計的廢棄物漂浮在海上。

這些垃圾來自何處？又是什麼力量將這些垃圾集中於此？

未曾止息的動態海洋

要了解垃圾島的成因，必須從認識海洋的物理性質開始。一般來說海水的運動分為波浪、潮汐、海流，最容易在岸邊觀察到的就是波浪。

波　浪

波浪最主要的成因是風，另外海底地震、海底山崩、海底火山爆發或隕石撞擊海面也會產生波浪，但相較之下很少見。所謂「無風不起浪」──波浪形成於遠洋風域，在風的持續吹拂下，原本只是小幅度的海面起伏，會開始發展成可傳遞至遠方的湧浪。湧浪在深海區域距離海床遙遠，水分子的運動接近簡諧運動，會上下前後繞圓振動傳遞能量。當湧浪開始傳至陸地時，因為海水變淺，水分子運動受海底邊界影響，使得波速變慢、波長變短、波高變高。波高的累積造成波形開始不對稱而失去支撐性，最後就破碎成了海岸上的浪花。臺灣宜蘭烏石港、屏東墾丁南灣常見到衝浪客追逐著浪頭恣意滑行，他們追逐的便是傳至岸邊不對稱、瀕臨破碎的波浪。我們不會看到在大海中央的衝浪客，因為波浪在外海時，水分子的運動是規律的垂直圓周運動，浮在海面上的物體只能隨著波浪載浮載沉，一點也無法前進。

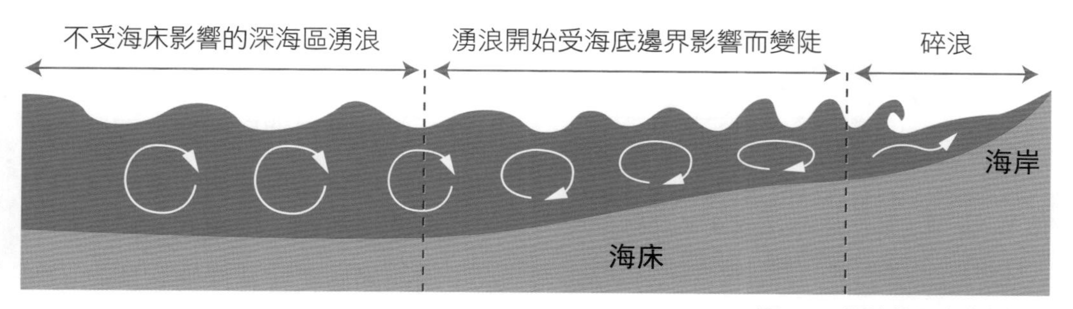

圖 5–2　湧浪傳至岸邊的變化

所以要將垃圾帶至太平洋垃圾島集中，肯定不是藉著波浪的力量。那麼會是潮汐嗎？

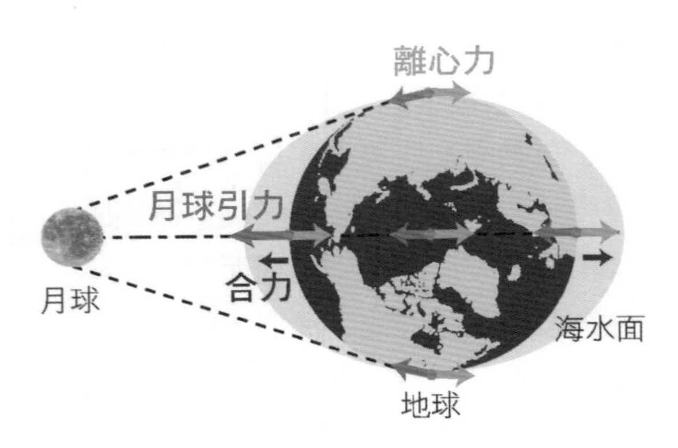

圖 5-3　引潮力為地月間萬有引力、地月互繞離心力的合力。

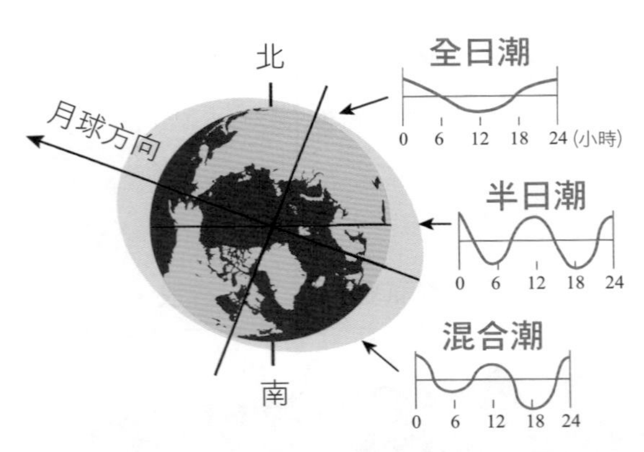

圖 5-4　由於月亮繞地球的軌道，與赤道的夾角約在 18.5 至 28.5 度間，造成各緯度潮汐狀況不同。

潮　汐

潮汐的成因主要來自月亮的引潮力，其次是太陽。因為太陽與地球的距離較遠，所以引潮力約是月亮的一半。引潮力是地球、月亮間萬有引力與離心力的合力結果，這結果使海水水位高度隨地球自轉而有週期性變化。一般低緯度地區一天會有二次滿潮、二次乾潮發生，稱為半日潮；高緯度地區一天則會有一次滿潮、一次乾潮發生，稱為全日潮；介於上述二者之間的週期稱為混合潮，混合潮二次滿、乾潮的水位不一致。

潮汐是一個持續變化的動態情形，不僅受到月亮、太陽等天文因素影響，還會受到地形影響。因為地球由西向東自轉，東邊海水會先受到引潮力影響而漲潮。由東向西漲起的海水，因海面傾斜會造成海水流動，加上科氏力❶影響，使大洋沿岸的漲潮時間依一個點為圓心，按固定方向延遲，北半球是逆時針方向，南半球是順時針方向。其中心點不會有潮汐現象，也就是沒有海水面高度的起伏，稱為「無潮點」。這麼說來，「無潮點」會不會就是垃圾島的所在地呢？其實不然，因為此點可以想像成一個平衡點，它周圍的海水高度時高時低，垃圾應該會順著高低差而流走；並且「無潮點」的範圍不大，岸邊的垃圾要漂到無潮點聚集肯定需要其他力量。

雖然潮汐還會造成稱為潮流的海水運動，但潮流主要的影響在沿岸區域，垃圾若從陸地進入海洋，應會先受到潮流影響在沿海往返運動，一旦進入開放大洋可能就不是潮流能管的範圍。所以潮汐並不是形成垃圾島的主要原因。

海　流

1992 年 1 月，一艘從香港出發前往美國華盛頓的長榮海運貨櫃船，受到暴風雨襲擊，約 12 公尺高的巨浪讓船身傾斜 35 度以上。在這樣惡劣的天氣下，十二個載著塑膠泡澡玩具的貨櫃掉落在太平洋上。數以萬計的塑膠小鴨、烏龜、青蛙在海面載浮載沉，這些應該要在浴缸中悠遊的玩具們，竟意外到了世界最大洋之上環遊世界，而這一漂流就是十幾年的光陰。有些會提早脫隊被海流帶上岸，最早被尋獲的擱淺玩具艦隊位於北緯 55 度、西經 135 度左右的科羅內

註解 ❶科氏力是由於地球自轉而形成的一種假想力，會使水平移動的物體在北半球向右偏、在南半球向左偏；而且物體運動速率越快、所在的緯度越高，其科氏力會越大。此假想力只會影響物體移動方向卻不會改變物體的移動速率，它對大範圍的運動（如：大尺度天氣系統、洋流）有明顯影響，但對於小範圍的運動（如：洗手槽排水、沖馬桶）作用很小，甚至可忽略不計。

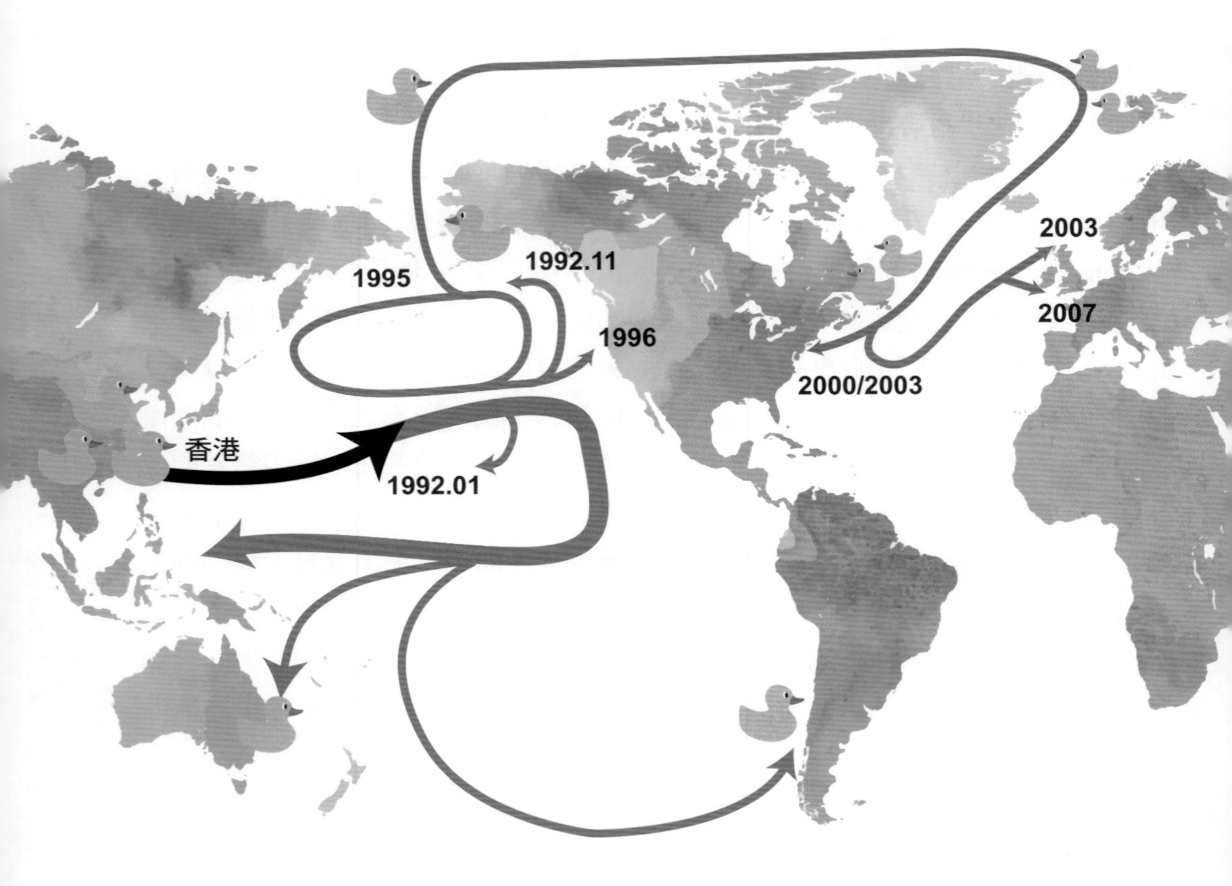

圖 5–5　塑膠小鴨等泡澡玩具大致的漂流路徑

欣島 (Coronation Island) 海岸，相隔一、二年後，又陸續在阿拉斯加海岸線上發現這些漂洋過海的小玩具。不過擱淺的只占少數，大多數仍在大洋中漂流，大約每三年會發現小鴨與它的朋友們擱淺。

海洋科學家很快便意識到，此週期與海洋上的環流有密切關係，這個意外也讓我們有機會對海流有更深的了解。

一個物品在海面上漂流，會受到風力與海流同時影響而產生移動，不同物體會以不同狀態浮在水面上。例如一隻吸滿海水的拖鞋會浮在水面下約 10 公分的位置，一隻塑膠小鴨則可能是完全浮在水面上，狀況受到風力影響程度而有所不同。一般而言，浮在水面上的體積越大，受風力作用影響就越大。

1893 年，挪威探險家與科學家弗里喬夫・南森 (Fridtjof Nansen) 及瑞典海洋學家沃恩・華費特・艾克曼 (Vagn Walfrid Ekman) 進行北極探險時，觀察到浮在海面上的冰山，其漂流方向和風有偏右 20 度至 40 度的夾角。

後來艾克曼針對這個現象進行研究，發現這是受風力吹送的表面海流、海水本身的黏滯性以及科氏力三者影響的結果。並且隨著深度越深，海流方向會持續向右旋轉，這樣像螺旋梯的海流變化稱為艾克曼螺旋 (Ekman Spiral)；其整體的海水傳輸方向大約與海水表面盛行風垂直，稱為艾克曼傳輸 (Ekman Transport)。

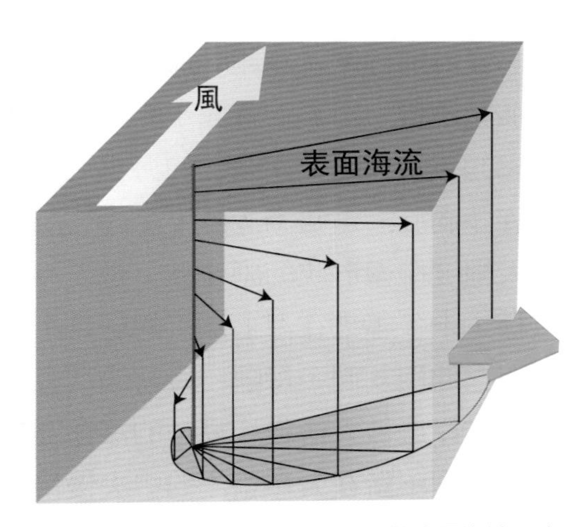

圖 5–6　艾克曼海流示意

海流的成因大致可分為四種：補償流❷、傾斜流❸、密度流❹、吹送流。吹送流即是大家較為熟悉的大洋洋流，因行星風系長期吹送而形成。北太平洋在東西側各有一個順時針的高壓環流，在此順時針環流系統中，由於艾克曼傳輸，海水會集中在中央，這意味著順著海流的漂流物也會集中在環流的中央。

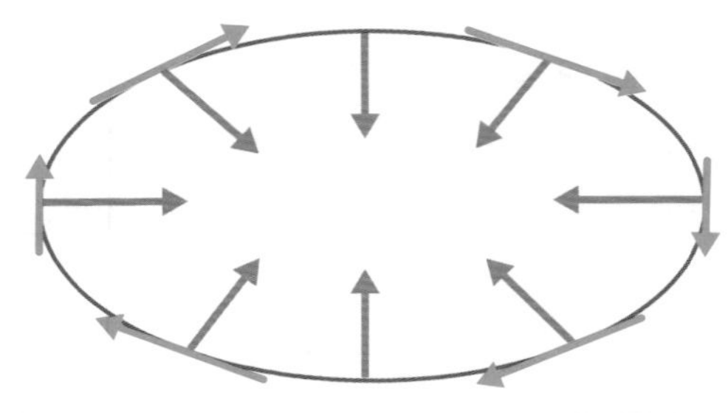

圖 5–7　北半球順時針環流示意——橘色箭頭是艾克曼傳輸的方向，在北半球的順時針環流中央，海平面會高於周圍並集中海洋漂流物。

到此，你應該會發現這和太平洋垃圾島的關係十分密切。不過真正的海流可是十分複雜多變，若將它們畫在地圖上，會如一盤義大利麵般纏繞。實際進行漂流觀測的海流情形，更加亂糟糟，那真的就像一團糾纏在一起的義大利麵。洋面上的海水流動有許多渦旋，這些渦旋多半是因為海流大幅度擺盪形成的副產品。也因為這樣，十多年來在海上漂流的玩具小鴨與它的朋友們，每隔一段時間就會擱淺在岸邊被人拾獲。更多的漂浮廢棄物，則不斷在大洋環流的中央慢慢累積。

註解

❷補償流指海水離開原地，而後有其他海水來填補所造成的流動。這種流動不僅有水平方向，還可能有垂直方向，部分湧升流的成因便來自補償流。

❸傾斜流主要來自海水表面高度不一致所造成的流動，就像一杯未達水平的果汁由高向低流，目的為達到水平。海水表面高度的不一致可能與洋面盛行風有關，例如赤道太平洋盛行東風，造成該處太平洋海面東高西低的狀況。

❹密度流是因為海水密度差異所導致，密度大的水體會向下沉，而密度小的會向上浮。這種流動通常非常緩慢，但遍及整個海洋，甚至是深海。深層海水的流動大多屬於密度流。

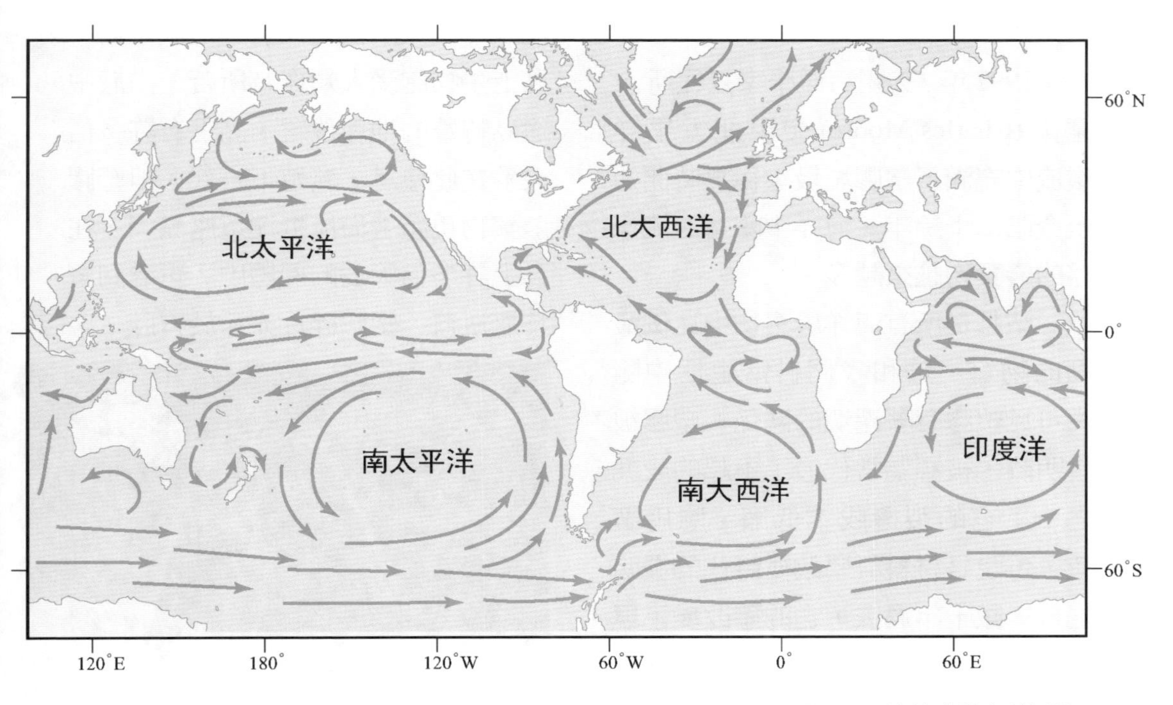

圖 5–8　海流「義大利麵圖」

來自臺灣，漂洋過海的打火機

1997年，美國海洋學家查理斯・摩爾 (Charles Moore) 發現北太平洋環流中充滿了塑膠垃圾，從那時開始至今已二十餘年，海洋中隨著海流漂浮的廢棄物越來越多。

塑膠是所有海洋廢棄物中比例最高的物質，這和我們日常生活中隨處可見塑膠有著深切的關係。塑膠被發明時，被譽為當代最了不起的成就之一：它的製造成本低廉、應用廣泛，可說是材料科學改變時代的發明之一。數十年過去，它的確改變了現代生活，但也遲遲不想離開這世界——不易分解是它的特性，於是大塑膠變成小塑膠、小塑膠變成塑膠微粒，在顯微鏡下的世界還可以看到海中微生物與塑膠微粒為伍。

中途島 (Midway Atoll)——一座因為戰爭聞名、座落在太平洋中央、號稱世界最遙遠的小島。二次世界大戰後即應歸於寧靜，但在美國藝術家克里斯・喬登 (Chris Jordan) 等人的鏡頭下，又讓世人注意到這個小島。島上生物飽受人類作為所苦。由於中途島特殊的地理位置，島上有許多信天翁在此棲息、繁殖下一代。但塑膠廢棄物也隨著海流抵達這座島嶼，在島上許多信天翁的屍體中，可看到寶特瓶瓶蓋、塑膠碎片充斥於胃肚。

圖5-9　中途島上滿肚垃圾的信天翁遺骸（Forest Starr、Kim Starr 攝於 1999 年）

這狀況也吸引了日本鹿兒島大學藤枝繁教授到島上收集海漂垃圾，想研究海流究竟怎麼把這些東西帶到中途島。2010 年，他收集了約一千四百個海漂打火機，其中約有 14.1% 的打火機來自臺灣。臺灣與中途島的直線距離約 6000 公里，要經過多少時日、什麼途徑，才能漂洋過海抵達呢？

臺灣東部海域有支流速非常強勁的海流，全年無休由南向北流，屬於太平洋洋流的一部分，是北赤道洋流碰到西太平洋陸地邊緣後北轉的海水。因為雜質、營養鹽少，水色較一般海水深，故稱為「黑潮」。黑潮寬約 200 公里，厚度約 0.5 至 1 公里，流速約每秒 1 至 2 公尺，是全球第二大洋流，其主流約在北緯 35 度東轉成為北太平洋洋流。

就如前面所說，海水的流動複雜多變，漂流到中途島的臺灣打火機，有可能就是順著黑潮到北太平洋洋流後，再向南流到中途島。因為在北緯 30 度左右，太平洋東西二側各有一個小環流存在，而中途島恰好就位在二個環流的中央；也就是說，在該處可以看到來自美國西岸以及日本、臺灣的海洋廢棄物。而西太平洋距離臺灣約 3000 公里的海域上，應該也存在與東太平洋類似的垃圾島，不同的是這個島的「國土」，我們「貢獻」比較多。

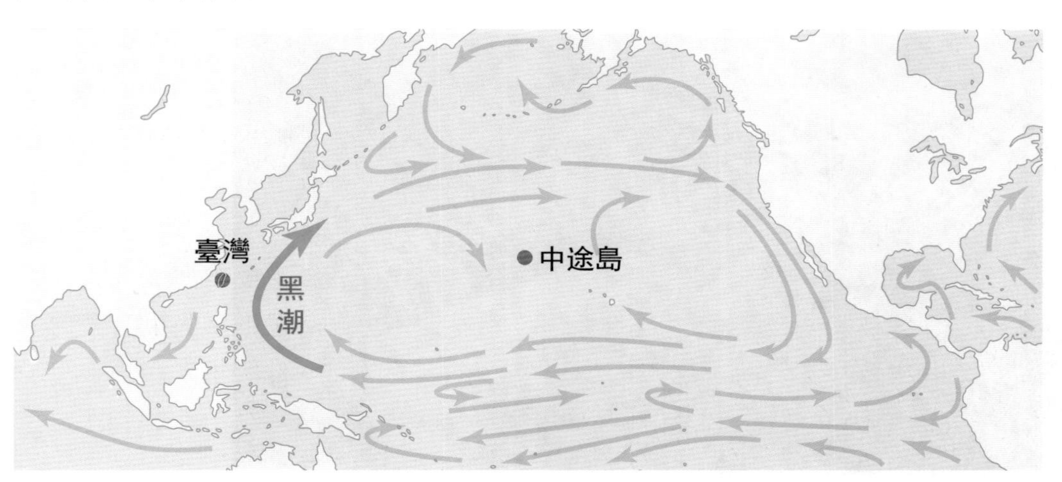

圖 5–10　位居東西太平洋垃圾島之間的中途島

圖 5-11　人類造成的海洋廢棄物汙染，苦果卻由許多其他生物承擔。

神祕巨大的海洋力量

2013 年，有人在年假期間於臺灣東部海邊撿到一臺防水相機，檢視後發現裡面存有 2007 年在夏威夷拍攝的照片。應該是相機落水後順著北太平洋環流，經過五年多的時間漂到臺東上岸。

其實這類事件從古而今屢屢發生，海洋占全球面積約 71%，其流體的特性與大氣間的交互作用深深影響氣候與人類生活。雖然說科學家已經大致掌握了全球海流狀況，但局部區域的海流卻是複雜萬分。目前因為人類製造的廢棄物被海流的力量聚集在大洋中央，讓我們得以窺見海水流動的神祕面紗，也使我們開始反省日常生活的作為是否對地球產生了負面影響。

海流蘊藏巨大的潛力，以臺灣東邊的黑潮來說，它的流速快、流量大並且穩定，科學家了解黑潮的物理特性後，接著便可開始進行海洋能實驗——用黑潮發電，把發電機組固定在東部外海的海床上，利用黑潮穩定的流速及流量來帶動發電機組。這是面對未來石油危機，具有潛力的新興能源。不過要如何在深海海床固定發電機組？要如何進行維修工作？目前尚在實驗階段。

除了大洋洋流外，北歐部分國家也已開始利用潮汐來發電。潮汐發電是透過漲潮、落潮二地間因潮差造成的海水流動來發電。臺灣澎湖跨海大橋也正進行潮流發電的實驗，目標是在未來成熟為可商業化的發電方法。

海洋是孕育生命的起源，也是地球表面占地最廣大的範圍。要充分了解海洋，需要專門的海洋研究設備及人才的投入。目前受限於科技及深海的高壓環境，人類尚未完全實際探測海洋，對整體海洋的了解不超過 10%，本文討論的太平洋垃圾島也僅存於海水表面下約 100 公尺的範圍。然而海洋平均深度約 5000 公尺，人類所製造的垃圾是否可能由於某些我們尚未了解的海洋物理機制，也集中在深層海水中呢？這就要仰賴正在閱讀這本書的新一代科學家們來探祕。

不能忽視的是，目前我們已對地球環境造成影響，許多物種因此面臨生存危機。面對未來，我們都應以更謙卑的態度與環境互動，如何善待海洋、友善運用海洋是重要的課題。也正是因為有這樣的課題意識，讓人類這個物種可以持續在地球上生存。

我思 ✕ 我想

1 ▸ 臺灣四面環海，海流對我們的氣候與產業可能有什麼影響？

2 ▸ 海洋中的垃圾帶持續擴大，是否有任何辦法可以清除它們？

3 ▸ 近來塑膠微粒問題受到國際重視，許多研究指出不只整個海洋環境，塑膠微粒汙染遍及全球淡水、海灘、陸地等處。2017 年，美國非營利媒體 Orb Media 調查超過十個國家、一百五十九件自來水樣品，結果顯示 83% 以上含有塑膠微粒。2018 年，臺灣環保署公布首次國內調查結果，多數樣品含海水、自來水、海灘、貝類等，皆檢測出塑膠微粒。塑膠微粒汙染可能會帶來怎麼樣的後果？有解決方法嗎？

6

氣候變遷

美麗的馬爾地夫會被海水淹沒嗎？

文／蔡仲元
審閱／胡健驊

圖 6–1　位於印度洋的島國馬爾地夫——氣候暖化導致海平面持續上升，國土海拔八成以上低於 1 公尺的馬爾地夫首當其衝。

即將沉沒的印度洋珍珠——馬爾地夫

聽過「上帝灑落在印度洋的珍珠」——馬爾地夫 (Maldives) 嗎？這些「珍珠」位於印度半島西南方約 500 公里處，在赤道附近，一年四季炎熱潮溼。國土由一千一百九十二座珊瑚礁島組成，包含二十六個環礁，為一南北長約 820 公里、東西寬約 120 公里的島群，人口不到四十萬，其中約二百座島有人居住。島上到處都是夢幻海灘，美景聞名全球，吸引世界各地遊客前往觀光。

這個美麗的國度約有 80% 的陸地海拔不到 1 公尺。近年氣候暖化，海平面不斷上升，導致許多島礁遭遇海水氾濫、侵蝕，居民生活開始受到威脅。宛如世外桃源的島群，好像被上帝遺忘，要任其自生自滅了。

聯合國報告指出，最快一百年內，馬爾地夫就會完全被海水淹沒。目前已有一百六十四座島礁受到海水嚴重侵蝕，部分人民被迫搬遷到較高的島上居住。海洋是相通的，臺灣雖距離馬爾地夫幾千公里遠，但是否也會有相似的命運？我們的一舉一動，是否會影響遠在天邊的馬爾地夫？讓我們從探索海平面的變化開始，試著尋找答案吧。

海平面變化與氣候變遷

過去的海平面

大約二百萬年前，地球板塊的分布、海流、環境都與現在相近。雖然沒有文字記載，但是許多自然界之物，如珊瑚骨骼化石、樹輪、花粉、碳酸鈣殼體的動物化石、南北極的冰芯以及深海沉積物等，都默默記錄了這段時間地球的變化。

科學家花了許多時間找出埋藏在各地、保存良好的標本，帶回實驗室，經由精密儀器的詳細分析，慢慢推論出地球環境經歷的變化，發現海平面的升降，與地球的氣候變遷有密切關係。當地球處於比較溫暖的時期，南北極的冰層融化，海平面上升，相對露出的陸地較少；反之，當地球進入較冷的冰河時期，大量的海水蒸發、降水到陸上結成冰，海平面相對下降。

地球的氣候從過去以來，一直在冷期和暖期之間變化。在冷期中，又有比較冷和比較不冷的差別。因此，我們把比較冷，地球表面覆蓋比較多冰的時期，稱為冰期，或冰河期；比較少冰的時期，則稱為間冰期，也就是兩次冰期的中間時期，例如現在就是處於間冰期。距離地球最近的一次冰期，距今約二萬年前，當冰河極盛之時，北歐、北美的北部以及北亞的一部分均被陸冰覆蓋，因此又稱為末次冰盛期 (Last Glacial Maximum, LGM)。

圖 6–2　岩芯樣本——為海底沉積物、圓柱狀岩石或土壤等片段。藉由研究岩芯樣本，科學家得以探知該地區的環境變化歷程。

冰河時期，南北極的冰原及高山冰川擴大，海面大幅下降。末次冰盛時期，冰原甚至達地球面積約8%（占陸地面積約25%）。此時，海洋面積縮小，陸地面積擴大，全球海岸線向海洋方向推進的地質現象，相當於海水全面後退，稱為「海退」；反之，間冰時期，海平面上升，海洋面積擴大，海岸線向陸地方向推進，稱之為「海進」。

海退、海進的變化歷程，可以透過鑽探岩芯，由一層一層堆疊的沉積物看出，此即地層「疊置定律」(Law of Superposition)。因為地層疊置具有時間序列的特性，即可進行古代環境的年代分析，呈現末次冰盛期以來，海進與海退如何造成海陸變遷，記錄了環境的變化歷史。

現在的海平面

歐亞大陸邊緣的沉積物沖刷入海，在海底沉積後，因造山運動而隆起，形成了臺灣島。臺灣島東邊鄰接深廣遼闊的太平洋，西邊卻是很淺的臺灣海峽，海峽目前平均深度只有約80公尺。

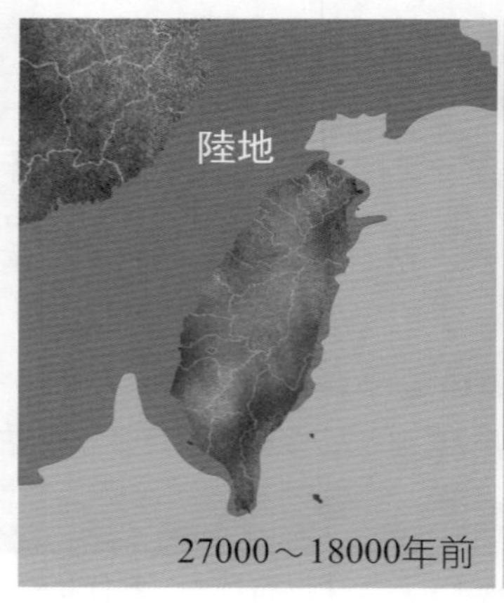

圖 6–3　臺灣附近陸棚區域大致的海陸變遷歷史（資料來源：陳文山，2016）

歷史上，臺灣海峽曾因海平面上升而變深，或下降而露出海底。最明顯的例子是：冰河時期，海平面大幅下降，海水退出海峽，變成廣闊的平原及沼澤。從澎湖水道的沉積物中發現許多哺乳類動物化石，即為證明。那時臺灣與歐亞大陸相連，看起來就像一座聳立在平原上的高大山脈。間冰時期，氣候溫暖，海平面上升，海水逐漸淹沒低處而形成海峽，臺灣變成一座獨立的島嶼。

現在我們本島海岸線約 1200 公里長，並隨著填海造陸或對抗海水侵蝕的海岸工程而不斷變化。要推測出臺灣島過去曾與歐亞大陸連在一起，除了檢驗海峽底部的動物化石外，西部平原地區地底下的沉積物，亦可顯示該處曾是海相環境與陸相環境交替發生。二萬七千至一萬五千年前，現今西部平原以西的部分海峽區域，曾露出海面成為陸地。之後，海平面漸漸上升，才逐漸覆蓋到西部平原的海岸線。

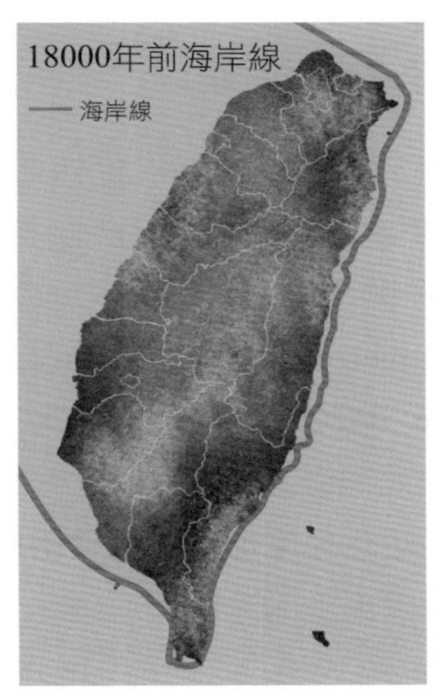

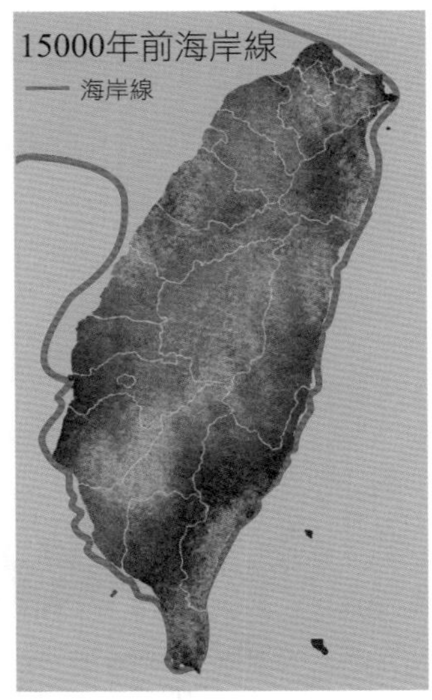

圖 6–4　臺灣海岸平原區的海岸線變遷（資料來源：陳文山，2016）

未來的海平面

地球暖化，海平面持續上升的速度會有多快？聯合國設立的「政府間氣候變化專門委員會」(Intergovernmental Panel on Climate Change, IPCC) 公布的情況是，到 21 世紀末大約會上升 18 至 59 公分。但若氣候暖化速度加快，導致南極大陸和格陵蘭島上的冰原加速融化，上升幅度可能會達 1.2 公尺，許多沿海城市、島國或人口密集的三角洲（如珠江三角洲與尼羅河三角洲）將會受到嚴重影響。

為了準確掌握當前變化及更精準的預測，科學家仔細監測各地海平面變化，並在 IPCC 第五次氣候變遷評估報告中發表。根據海平面上升的實際觀測值與預測值，海平面自 1990 年以來就快速上升。

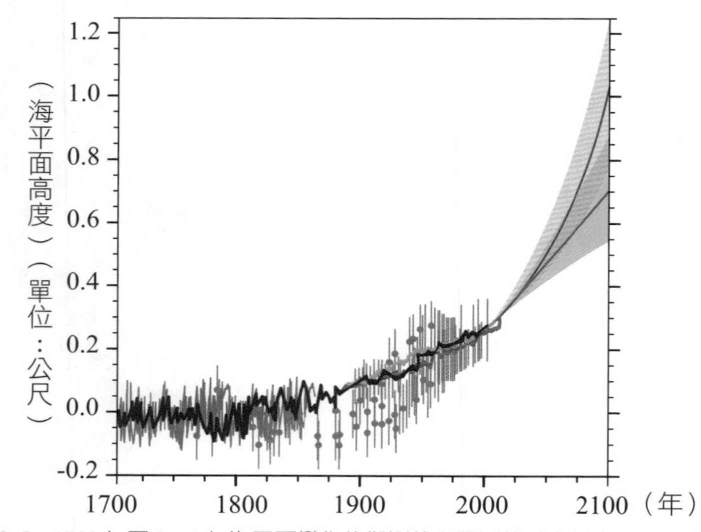

圖 6–5　1700 年至 2100 年海平面變化的觀測值與預測值（資料來源：聯合國 IPCC，2013）

當全球平均溫度增高，南北極陸冰融化的水進入大海，不只海水量增加，海水也持續增溫，導致水的體積因熱而膨脹，更增海面上升的幅度。

人類的活動是否影響海平面的升降？自工業革命以來，形成溫室效應的氣體無止境的大量排放，地球的平均溫度逐年上升，到近半個世紀，甚至飆升起來。也有學者認為，人類的作為渺小，無法證明足以改變地球大氣的溫度。但眼前事實，人類活動已「堆出」嚴重的空氣、廢水、塑膠等汙染，難以被地球系統快速排除消化，可見累積的破壞力是何等可怕。溫室氣體難道不會累積？我們生活於其中，能否不面對？

根據中央氣象局紀錄，臺灣百年來平均溫度已增加了 1.3℃，是全球增溫平均值的二倍，甚至比鄰近的日本及中國還高。氣溫上升，雨量增加，近年來我們飽受突如其來的超大豪雨之苦，低窪地區淹水，馬路如河川，甚至引發山洪、土石流等災難。再者，全球海平面上升，臺灣西南沿海地區及蘭陽平原，亦將面臨溼地被衝擊、鹽水入侵並滲入地下土壤，造成「土壤鹽化」的環境問題，甚至如同馬爾地夫，可能有被淹沒的危機。

除了民生問題，動植物也因為氣候變化而受到影響，例如臺南七股潟湖是世界知名的黑面琵鷺聚集區域，若海平面上升，該處將被淹沒，牠們將何去何從？另外，臺灣南部海域吸引遊客的珊瑚礁也難逃一劫，因為最適宜珊瑚存活的溫度約是 18 至 30℃，一旦超過，珊瑚將白化而死。

遠在千里外的馬爾地夫與我們其實命運相通，地球本只一村，大家脣齒相依。

圖 6–6　在海上戲水的索羅門群島居民

氣候變遷在各地

位於太平洋上、澳洲東北方約 1000 公里處的索羅門群島 (Solomon Islands)，也是由數百座島嶼組成的國家，人口約六十四萬。《環境調查簡訊期刊》(*Online Journal Environmental Research Letters*) 調查發現，有一群隸屬索羅門群島的小島已遭海水淹沒。過去二十年，當地海平面每年上升約 10 公釐，迫使居民搬離家園。從空照圖與衛星影像比對過去至今的資料即可獲得證實。

群島中的 Nuatambu 島上原本有二十五戶住家，自 2011 年起，已失去十一戶，因為有一半的土地已經消失。該國開始實施遷移計畫，協助人民搬到海拔較高的地方。一位高齡九十四歲的島民 Sirilo Sutaroti 就這樣被迫搬離原本的家鄉，他說：「海水已經侵入島內，我們只得捨棄一切搬到高處，遠離海水再重建家園。」若海面持續升高，他們只能不斷往山頂搬遷。

圖 6–7　南極半島的拉森冰棚一角

引發海平面上升的主因來自陸地的巨冰崩落入海，其中以南極大陸冰棚 (ice shelf) 最為巨大。藉助衛星影像追蹤證實，與南美洲對望的南極半島西側，有一名為威爾金斯 (Wilkins) 的冰棚，其外緣有塊面積約 415 平方公里，相當於約 1.5 個臺北市大小的巨冰，在 2008 年時斷裂，與冰棚分離，開始漂往外海。

其實更早之前，南極已有好幾個連接大陸的冰棚一直在縮小，其中有六個已完全崩離。更嚴重的是，南極半島東側比威爾金斯冰棚大五倍的拉森 C (Larsen C) 冰棚，其外緣在 2017 年完全崩離，形成史上最巨型的海上平板形冰山，約有二個高雄市那麼大、350 公尺那麼厚。

運用現代科技或衛星從空中連續拍攝冰棚的崩裂過程，會發現那是一顆顆威力不輸核彈的水彈，正在崩解發射，將導致海平面上升的速度失控。這些伸入海域的冰棚，崩解後共流失了約 1920 億公噸的冰，而南極陸上冰層的消融速度近十年來更增加了 75% 左右。如果全球溫度持續升高，屆時將不只冰棚外緣崩離而已，而是整體脫離南極大陸，再反向連鎖加速地球暖化，引發我們自己造成的蝴蝶效應。

在地球另一端遙遙相對的北極冰層也在快速融化之中。有科學家在永凍土層發現被冰封以萬年計的史前病毒，並指出隨著全球暖化，此病毒可能會因此釋放出來，威脅包含人類在內的各種生命。另外，西伯利亞西部永久凍結帶上有全球最大的凍泥炭沼，一旦融化，可能會釋出大量甲烷氣體。甲烷能產生的溫室效應是二氧化碳的二十倍以上，將會使氣候暖化的趨勢飆升。如果過度升溫，將造成病蟲害大增、水災與旱災頻仍、水土流失、沙漠化等，摧折地球原有的生態體系。

1992 年，聯合國通過《氣候變化綱要公約》(*Framework Convention on Climate Change, FCCC*)，呼籲全世界共同努力抑制溫室氣體的排放，維持大氣中溫室氣體濃度的穩定，以保護地球免於危機。事到如今，我們已無法置身事外，必須面對真相並有所行動。

圖 6–8　北極冰層持續融化中——北極圈生物面臨直接衝擊，同時將帶來全球性影響。

我有辦法參與嗎？——從微小力量開始

全球在氣候變遷問題的應對上，可以大略分為減輕策略與調適策略。「減輕策略」主要透過節能減碳等舉措，達到減少溫室氣體排放之目的；而「調適策略」則是在了解未來氣候變遷可能帶來的影響後，採取措施降低衝擊，以適應未來氣候。許多著名跨國公司正在加緊制定近遠期策略，以臺灣的友達光電為例，該公司設置了目前全臺最大的屋頂型太陽能電廠群，並積極參與國際碳資訊揭露計畫，以提高資訊準確度與透明度，同時致力於開發環保綠能產品。

欲減低溫室效應，還需要每一個人從內心去珍惜能源、愛惜環境，積極採取行動，降低能源的使用量及提高能源的使用效率。個人的力量雖然很小，但整體人類活動卻造成了威力驚人的溫室效應，或許也可以反向集眾人之善，累積出化解的成果。臺灣的山區很廣，不至於像印度洋的馬爾地夫及太平洋的索羅門群島，將因海面上升而滅頂。然而一旦海平面上升，人口眾多的西部沿海地區，則難逃被撤離的命運，我們豈能視若無睹？臺灣環保署於 2006 年提出《溫室氣體減量及管理法》草案，2015 年三讀通過，呼籲全民正視氣候變遷風險並付諸行動。

我們可以採取哪些實際行動？有許多方法可以減少二氧化碳的排放，例如：減少石化燃料的使用、使用太陽能或風力等再生能源、駕駛替代能源車、使用省電的電子產品，並確實做到垃圾減量、減少使用一次性物品等。目前臺灣政府已經強制執行塑膠袋的減量及推廣重複使用，店家不再提供塑膠袋，就是希望大家都能養成習慣，減少塑膠製品。另外，在日常生活中隨手關燈、節約用電，重視居家「綠色風水」，即保持良好的採光與通風，多使用具有可回收性、少化學合成之綠色建材，以減低生態負荷與能源消耗。外出則多搭乘大眾運輸工具或共乘，買車注重省油與環保功能，以減少汽油的消耗量及廢氣排放量等等，都是可以節能減碳的行動。這些是我們每個人能做到的事。

人類利用地球的資源、利用大海的資源，無論是吃的、用的、丟棄的，大海默默承受，但仍有其極限。海洋不會對我們生氣，但是它會開始調整，例如：海平面的升降、洋流的強弱變化等，對人類提出無言的抗議。聯合國 IPCC 前主席帕卓里博士 (Dr. Pachauri) 曾公開呼籲：「如果人類不即刻採取行動的話，氣候變遷將導致嚴重的後果。」我們應思考，何以人類要採取行動、要採取怎麼樣的行動，以與海洋、與世界永久共處。

我思・我想

1 ▸ 面對全球氣候變遷，除了文中舉出的減碳方法，一般大眾還可以改變哪些生活習慣，以減少二氧化碳的產生或節約能源？

2 ▸ 我們知道在日常生活中，可以開省油的車子或替代能源車、使用省電的電子產品，並確實做到垃圾減量、物品重複使用和回收等，為環境減輕負擔，以小力量匯聚大效應。請仔細想一想，上述方式該如何具體落實於生活之中？

3 ▸ 全球暖化、海平面上升，這件事應該由誰負責？世界各地有什麼重要的因應措施與行動可以借鏡？

7

海洋能源

海邊為什麼會有超大電風扇？

文／葉宏毅
審閱／簡連貴

圖 7-1　夕陽下的臺中高美溼地風力發電機

小島西海岸的巨大身影

2005 年，臺灣新北石門海邊立起了全島第一支風力發電機（簡稱「風機」），從此成了臺灣西部海岸風景中的重要元素。橘藍相間的夕照下，風機黑色的修長剪影，排排站好，甚是壯觀。

緩緩轉動的巨大葉片，有人說看來很抒壓；住在風機附近的人說，受不了長長的葉片發出呼呼的風切聲，尤其是在風強的時候；也有人抱怨葉片轉過時的影子，讓家裡的光線一閃一閃的……。風力發電機打著綠色能源科技的口碑，以節能減碳、環保家園為口號，一支一億新臺幣，集二極化評價於一身，屹立在臺灣美麗的西海岸。

為什麼葉片的形狀是長長尖尖的？一支風機發出的電力能供應多少家庭使用？風機到底有多高？颱風來時會不會倒？為什麼臺灣的風機要放在海岸邊？有風機放在海上，要怎麼做到？風與海有什麼關係？綠色能源是未來必要的發展嗎？還有哪些綠色能源的選擇呢？

有力才有能

「願原力與你同在 (May the Force be with you)」，電影《星際大戰》(*Star Wars*) 中，絕地武士的龍頭——尤達 (Yoda) 大師，總是以這句話祝福與勉勵新鮮人。當然，《星際大戰》是虛構的，然而這句話透露了一項重要訊息——不管是電影中想像的未來，或是現實世界中的當下，人類對「力」的追求都是不變的，找到「力」，才擁有「能」。

19 世紀末，發電機問世：1878 年的一個夜晚，在一間建在河邊的城堡藝廊，英國工程師威廉・阿姆斯壯 (William Armstrong) 用「力」點亮了世上第一個沒有油燈煙薰、燭火搖曳的夜晚——水力推動了直流發電機，為藝廊帶來不怕風吹、不用添料的光亮。

不過，並不是到處都有水力發電可用，隨之而來的工業革命，發展出能替人類工作的集中性力量——蒸汽機。利用大量的蒸汽推力來轉動發電機，瞬間躍為時代寵兒。從此，人類在發電機的運作上，由使用自然資源中分散的力量，轉換到集中式大型的發電單位。

圖 7-2　全世界第一座被電力點亮的房子 (Cragside House)——共用了三百五十顆燈泡。

圖 7–3　位於海邊的臺中火力發電廠——曾是全球最大的燃煤火力發電廠，目前排名世界第二，二氧化碳排放量居世界各發電廠首位。

蒸汽機帶動了工業革命，但一開始的蒸汽機會浪費掉蒸汽，因而效率有限。1884 年，英國—愛爾蘭工程師帕爾森斯 (Charles Parsons) 發明了第一部能循環利用蒸汽的高效能蒸汽渦輪發電機。美國實業家及工程師喬治・西屋 (George Westinghouse) 立即將他的發明應用到火力發電廠中。短短四十七年間，這樣的力量已經從原型機的十匹馬力（可供應現代一個家庭），來到了三千萬匹馬力（可供應現代百萬戶家庭）。自此，人類與利用熱能來發電的發電廠密不可分。

只要有熱能，就可以讓水從液態變成氣態，發出大量電能。要熱還不簡單？就燃燒吧。臺灣的臺中火力發電廠為全球著名電廠之一，其二氧化碳排放量反映了臺灣的大量能源需求。臺中火力發電廠位在臺中港南方，每二天就有一艘大船載著滿滿的煤炭到來，每天燃燒約 5 萬噸的生煤。胃口這樣大的吃煤爐，立著五支煙囪，在臺中的海邊，與一排風力發電機遙遙相望。而火力發電，仍是全球最主要的電力來源。

1954 年，利用放射性同位素衰變所產生的熱能，將水變成水蒸汽來推動渦輪的想法，落實在俄羅斯的鄂

布寧斯克 (Obninsk) 核能發電廠。核能發電需要大量的冷卻水，由於這樣的條件限制，核能發電廠多建造在大河邊或海邊。核能如果好好運作，是很好的集中式能源。但從第一座核能電廠到現在的六十年間，爆發三次大型核災事件（美國三哩島、蘇聯車諾比、日本福島），加上核廢料半衰期長，難以妥善處理，讓核能電廠的安全性被以最高規格檢視，全世界也吹起廢核電的風潮。

努力撿拾每一塊錢——再生能源

就地取材，剛剛好的能量收支平衡

再生能源 (Renewable Energy) 並不是新的知識，卻需要新的技術與智慧。一張一千元大鈔，與一千個一塊錢雖然是等值的錢幣，但千元大鈔似乎更有吸引力。耗竭性能源就像千元鈔票一樣，具有高密度與集中的特性；而再生能源，就像那散落地表的一千個一塊錢。

再生能源的「再生」，並非指回收零散能量再生成可用的集中能量，而是在地球的自然界能量系統之中，就地取材。例如太陽能、風能、波浪能、潮汐能等，取之不盡，用之不竭，會自動再生的能源，就是所謂的再生能源。

對人類來說，高密度的能量要比低密度來得有用，當然想要找到能發出高密度能量的再生能源。然而除了地熱外，其他再生能源的分布密度都相當離散。獲取再生能源的計畫難度都不小，臺中火力發電廠隨便一個機組，就能抵過二十支風機的發電量。我們無法將散在地上的一千個一塊錢變成一張一千元，只能讓每個一塊錢都發揮作用——這是再生能源的發展方向，同時也是最難克服的限制。

地球上的自然能源，除了地熱能與氫能（氫氧結合而放出電子）外，都與太陽有關。太陽能本身就具有光電轉換效能。水力能是將水從高處往低處流的位能轉換為電能，而把水帶往高處的能量來源，其實是太陽的熱能。風能的原理是將空氣的動能轉換為電能，而驅使空氣從甲地吹到乙地的氣壓梯度力，是二地受熱不均所引發，所以最初也是來自太陽的熱能。風在海上帶動波浪與洋流，因此海洋能中的波浪能與洋流能也源自太陽的熱能。溫差能、鹽差能也和受熱不均有關，源頭還是太陽的熱能。潮汐能則是將海水漲潮與退潮的位能差轉換為電能，而天體引潮力來自太陽與月球共同引起潮起潮落，所以仍與太陽有關。

與太陽遠距輸入地球能量有關的再生能源眾多，再生能源的運用可以說是看天吃飯。能不能飽食，就得看人的智慧與對自然環境的了解了。

風浪中的「千元大鈔」

你或許不知道，臺灣的風場蘊藏能量是世界第二大，僅次於紐西蘭。因為臺灣屬於季風氣候區，再加上亞洲大陸東南丘陵與臺灣中央山脈所構成的地形，使得臺灣海峽的風速強勁，在發展風力發電方面具有先天優勢。臺灣風力資源有明顯的季節性高峰，冬天的東北季風可貢獻相當多的風能。由於陸地上可供開發的風場不易尋找，所以臺灣的風機多設置在不受地形阻撓的海岸邊。

因為風機必須承受風力，所以必須確保其結構的強度及性能的穩定。要讓風機站得住、用得久，錐形的柱狀設計很重要。迎風面越大，就會產生越大的推力。而長長的葉片，離轉動軸心越遠，力矩就越大。整個葉片必須擁有相同的力矩，才不會輕易斷折。所以葉片的迎風面積與離軸心的距離乘積（即力矩）必須是一個恆定值，其結果就會讓葉片成為尖細的形狀。但最遠的尖端又不能太細，因此改變葉片面與迎風面的交角（即攻角），讓風力的作用小一點。另外，要使葉片擁有良好彈性，不能只用金屬製造，須與高分子複合材料混合製作，才能提供最好的韌性。此外，風會時大時小，風向也不固定 ，因此可以改變攻角的彈性葉片、迎風方向的轉動都得設計進去。

由於風遇到障礙時會消耗掉能量，所以開闊而沒有阻礙的海上風場會更好。以臺灣海峽為例，在海上的風機能汲取到的風能會是岸上風機的五倍以上。經過多年的發展，風機適應海邊環境耐用度的技術已經不是問題，問題在於怎麼讓風機站在海面上。英國與荷蘭的海面有著得天獨厚的盛行西風帶，雖然不如臺灣強勁，但方向與時段上穩定而持續。荷蘭已經在海面上放置了許多離岸風機，這個國家面積只比臺灣大一點點，是全球汲取風能的榜樣。

圖 7–4　臺灣桃園觀音的風力發電機——臺灣桃竹苗一帶海岸風力強勁，適合建置風機。

圖 7–5　臺灣苗栗通霄海岸的風力發電機——苗栗好望角附近到彰化沿海一帶，是臺灣離岸風機安裝密度最高的地區。

2016 年底，全球離岸風機的發電量約為 140 億瓦，其中有 97% 在歐洲地區。同年，已經有二支離岸海上風力發電機站在臺灣苗栗的外海了。各國各方的人才都盯著臺灣海峽的離岸風力，為什麼臺灣海峽這樣受到矚目呢？

2010 年，美國國家航空暨太空總署 (National Aeronautics and Space Administration, NASA) 透過太空遙測的方式，發現彰化外海的風能密度有超過每平方公尺約 750 瓦的蘊藏量，是全球罕見的優質風場。

工研院接續研究，在 2013 年發表，臺灣離岸風機可安裝的面積達約 5640 平方公里，總容量可達約 290

億瓦，如果全數開發，可以供應約二千萬戶家庭一年的用電量。

根據位於英國的國際離岸風電顧問公司 4C Offshore 在 2014 年發表的研究，全球風況最佳的二十處離岸風場中，臺灣海峽就占了十六處之多，而且第二至九名都在臺灣的領海裡。離岸風機的年滿發電時數是三千小時，為陸上風機的 125% 左右，一年中約 35% 的時間可以發電。

290 億瓦的發電量已是目前全球離岸風力 140 億瓦的二倍以上，當然讓全球的離岸風機開發商都到臺灣來覓地投資，臺灣的能源政策也配合著離岸風力發展。但這樣的投資，是否有什麼可能需要注意的風險呢？

在臺灣第一個要擔心的當然是颱風所帶來的損害，尤其是在海上的設備，除了強大的風可能吹倒風機以外，巨浪也可能讓風機的基座受損。2016 年至今，苗栗外海的二支風機，經過 2017 年五個輕度與中度颱風，目前仍穩定運作中。

歐洲最早開始使用海上風機，有不少海洋生物學家投入研究海上工程對海洋生物的影響。研究中發現，打樁施工過程中的噪音的確會嚇跑海裡的哺乳類生物，影響的範圍約 20 公里。不過施工完成後，海豚等生物又會回到原棲地。因此打樁時的噪音必須低於 160 分貝，以免對海洋生物造成永久性傷害。此外，海上設備所使用的防鏽塗料也受到嚴格管制，除了不能具有毒性外，也不能釋出環境荷爾蒙。

由於海上風機實際運作的時間還不夠久，對海洋生態的長期影響，目前還沒有較有信度的研究報告。如何發揮人類的智慧，長期密切觀察海洋生態，取得發電、發展與生態三方的平衡，會是臺灣在拾起風浪裡的每一張千元大鈔之際，必須永續經營的課題。

海裡的「五百元大鈔」

海水的密度是空氣的八百倍，與空氣同樣體積的海水，動能會是空氣的幾百倍。海洋面積占地球面積約七成，看來海水中散落的不是一塊錢，而是五百元！海洋有迷人的能量集中性，但需要更高深的科技與工程技術去克服海水的浮力、海水的鹽度與可能突然過頭的力量，人類才能獲取那海中的五百元大鈔。相對於小範圍測試，實際投入商用發電的考量點較多，當前全球海洋能源多在嘗試階段，屬於能源科技中進步得較為緩慢的區塊。

波浪能

目前全球有近五百座核能電廠，若整個地球的波浪能源都盡用，可以抵過八百座核能發電廠。無風不起浪，要找浪，當然要找風，長期穩定的風能造出適合發電的波浪。

波浪發電的形式很多。當波浪行進之時，水體內會有圓形的軌跡，產生垂直與水平方向的運動力，浪到了岸邊又有往岸上推送的力量。這些力量有各自對應的發電機組。

英國的 Oyster 波浪發電機，其機座固定於海床，以鉸鍊連接浮在海面的阻力板。當阻力板受到波浪的拍打衝擊而前後擺動，此時便藉由波浪水平方向的移動能量，帶動連接的液壓幫浦，將高壓水體送往岸上，推動發電機。

而在波浪垂直方向的移動能量方面，美國的 PowerBuoy 發電系統是利用浮標隨著波浪運動上下起伏，再由此驅動永磁（永久磁鐵）式發電機產生電力。澳洲「伯斯海浪能源計畫」的海浪發電系統，則主要是在海底安裝狀似大型浮標的浮力促動器和幫浦，浮力促動器會因海浪上下擺動，進而啟動幫浦，將加壓的海水送往陸上的水力發電廠，驅動發電機。這個發電系統除了發電之外，還可以將海水送入逆滲透機中淡化，提取飲用水。

圖 7–6　澳洲「伯斯海浪能源計畫」的海浪發電系統——放在淺海，利用波浪上下振盪帶動壓力幫浦，將高壓海水送到岸上發電，並進行海水淡化。

還有設計相當酷炫的英國「海蛇」(Pelamis)，由一系列圓柱形的浮筒鏈結而成，一節長約 30 公尺，直徑約 4 公尺，總長至少 150 公尺，浮在海面上。每個鏈結點設有發電機組，與真正的海蛇前進時左右擺動的方式不同，波浪穿過時，浮筒隨著波浪上下擺動，牽動油壓幫浦，驅動發電機發電，再透過電纜將電力傳輸至岸上。為了為了降低成本、提高經濟規模，Pelamis 二代機組正持續進行機組建置與測試。

另外，你知道臺灣澎湖的風櫃洞嗎？每當漲潮時，因為海浪沖入海蝕洞及消退，洞中會傳出巨大的呼嘯聲，猶如鼓風爐的聲音一般。其原理是——波浪來到了岸邊，如果往一個空腔推入，會把空腔中的空氣壓出；波浪退去時，外界的空氣又被吸入空腔中，高壓的風在空腔中來來去去產生的風切聲，就像颱風天沒密合的窗戶所發出的聲響。這在澎

圖 7–7　Pelamis 波浪發電機——分節的構造帶動幫浦加壓液體流動，使渦輪轉動發電。

湖是個觀光景點，而英國人則用此原理來發電：在海岸邊建造一個能讓海水湧入的空間，並在其上設置開口，安裝威爾斯渦輪。當海水進入空間底部時，波浪的振盪會帶動此密閉空間的空氣上下流動，高壓的風就會在所設置的開口進出，驅動渦輪轉動，進而發電。

不同方向的風吹動渦輪的葉片，不是應該會轉往不同方向嗎？這就是威爾斯渦輪神奇的地方了，無論風向如何，威爾斯渦輪的葉片始終都轉同一方向。2000 年，英國 Wavegen 公司在蘇格蘭北部設置了 LIMPET 發電設施，這種不會接觸到海水的發電設備，容易維修與保養，所發的電已投入國家電網中，是全世界最早發展為商用的海洋能源發電設備。

臺灣附近的海域，波浪發電可開發潛能較高的區域為東北角外海、澎湖地區。篩選波能每公尺 10 千瓦（瓩）以上、12 浬領海界線內水深約 20 至 100 公尺的區域，初步排除限制區後，可開發量達 20 至 40 億瓦左右。

潮流與洋流能

地球上某些地方海陸地形特別，漲退潮時狹小的岬口會出現流速很快的潮流。英國北愛爾蘭的斯特朗福湖 (Strangford Lough) 就有一個很特別的岬口，潮流速度可到每秒約 4 公尺，是相當驚人的力量。2008 年，英國 Seagen 公司在該處放了一座潮流發電機，可供應約一千八百個家庭使用。

圖 7–8　斯特朗福湖上的全球首座商用潮流發電機——在水下有與風力發電機相似的葉片，吸收潮流流動的力量發電。

洋流相對於其他海洋能源發電方式是最難設計及運用的。風能需要每秒約 35 公尺的風速，洋流只要每秒約 1 公尺的速度就有發電效益。然而洋流狀況好的海底位置都很深，要利用洋流發電，機組的固定是個大問題。

2016 年，臺灣中山大學利用黑潮發電的瓩級測試平臺獨步全球，在屏東鵝鑾鼻東南外海約 25 公里、水深約 900 公尺的海上，中山大學的黑潮發電機，努力汲取深度 30 公尺處左右，每秒約 1.3 公尺流速的黑潮力量。在各國都還只是設計階段的當前，臺灣已經有實地測試的平臺，成功轉出了約 50 瓩的電力，對於四面都被海洋包圍的臺灣島來說，是令人振奮的消息。

黑潮流經臺灣周邊，海流速度及流量大，在蘇澳外海、花蓮外海、綠島及蘭嶼年平均流速在每秒 1.2 公尺以上。若以此四個場址進行初步評估，約有 40 億瓦的可開發容量。

溫差能

除了地熱外，海洋溫差能是另一個利用熱交換，產生氣液相變化——不同物質狀態產生的體積變化——所帶來的壓力，以推動渦輪發電設備的再生能源。被虹吸出的海洋深處低溫海水，與海洋表面的溫暖海水，二者溫差若達約 20℃ 時，就能讓氨產生氣液相的變化來推動渦輪。冰冷的海水在深海到處都是，但近 30℃ 的海水就不是處處可得了。不難猜出，赤道附近會是個好地方。同時也要避免放到深海抽水的管子過長、易斷，所以有狹窄大陸棚，甚至沒有大陸棚的地方最好。

全球第一座海水溫差發電廠在夏威夷，但該溫差發電廠只是測試用，第一個將溫差發電發展為商用的電廠在臺灣的邦交國諾魯 (Nauru)，是個位於大洋洲的小島，面積大概只有臺灣直轄市一個區的大小。

1980 年，日本東京電力公司協

助諾魯建置了海水溫差發電廠，而後日本將這樣的技術帶回沖繩島。另外，海南島上也有海水溫差發電廠。印度的做法更直接，將發電廠改為海上平臺，目前在印度洋中試驗：在大洋上直接將管子下垂到深海抽取冰冷海水，同時直接抽取表面的溫海水，發完的電再用電纜送回陸地。

臺灣東部海域有較窄的大陸棚與較陡的大陸坡，很適合取得深冷的海水，便於開發海水溫差發電這樣的乾淨能源。具開發潛能的場址主要分布於花蓮外海、臺東外海、屏東外海等處，溫度差可達 20℃ 以上，估計約有 32 億瓦的可開發容量。

圖 7–9　美國夏威夷的全球首座海水溫差發電廠

鹽差能

鹽差能被稱為最環保的發電方式，憑藉的是太陽的熱能。太陽的輻射熱將海水的鹽巴與淡水分開，並將淡水「搬運」到山上。淡水流回海裡的途中，除了可以進行水力發電外，在入海之際，人類可以針對這些水資源再次利用——利用只通透水而不通透鹽離子的半透膜，將海水與淡水隔開。淡水因滲透作用而通過半透膜奔向鹹水那一邊，造成鹹水端的壓力上升，便可用來推動渦輪。如果要讓滲透壓更高，可以先讓太陽將海水曬成更鹹的鹵水（幾乎達到飽和溶解度的鹽水），便能用更高的滲透壓，發出更多的電力。鹹水被淡水滲透後淡化了，就像河流流入海洋一樣，一點汙染或不當排放都沒有。這種發電方式唯一的限制是需要設置於大河河口。

挪威建在河口的原型鹽差能發電廠，沒有二氧化碳的排放、沒有噪

圖 7–10　位於挪威的世界第一座鹽差能發電廠——利用滲透壓的能量來推動發電機。

音，乾淨靜謐。若將全世界河口區的鹽差能加總，可以達到約 30 兆瓦，足以供應上億個家庭使用。臺灣四面環海，並不缺海水，然而臺灣的河川屬荒溪型，在淡水來源不穩定的情形下，較難發展如此安靜又乾淨的再生能源。

May the Force Be With You，取之有道

2017 年，臺灣陸上的風力發電機已有三百多支，也有二支正在海上運作，密集的區域甚至幾百公尺就有一支。這會帶來什麼影響？二支風機間的距離近到什麼程度，鳥類會不敢從其間飛過或降落？風切的噪音與運作時的高頻，已有專家擔心會影響到白海豚的生息。海裡的發電設備為了能抗鏽、抗蝕以及抗生物附著，表面塗料的應用是否會影響到海洋生態？工程興建時如何讓生態的傷害性減到最低？

從 19 世紀末到 21 世紀初，這一百多年之中，人類不斷追求力量的來源，從人為操作的熱化學能、核能，到地球上各個角落的太陽、風力、水力、海洋、地熱等天然的力量。「願原力與你同在」，在尋求力量與能源的過程中，不要忘了必須取之有道，無論何時何地。也別忘了，臺灣島四面環海，從海中拾取能源與資源之際，與海共處、取得平衡，是島嶼全民的重要課題。

我思✕我想

1► 在目前的發展趨勢中，海洋能源有什麼可能的弱點？請嘗試思索其利弊。

2► 不只海上發電設備需要做防鏽處理，船隻更是最大宗的防鏽塗料用戶。目前用來防止海中設備生鏽與海洋生物附著的塗料主要為有機錫。關於防鏽塗料，臺灣與世界各國有哪些做法與規範？防鏽塗料是否會對海洋生態環境造成影響？

3► 請試著在右方臺灣地圖上，將風能及海洋再生能源發電設備，其可能的設置位置標記出來，並想想臺灣發電設備的分布有何特性？原因可能為何？

可參考臺灣電力公司網站提供的電廠電網分布圖：

https://www.taipower.com.tw/tc/page.aspx?mid=37

8

資源永續

海鮮，你吃對了嗎？

文／沈玫姿

審閱／邵廣昭

圖 8-1　擁有豐富資源的大海──海洋是地球最大的天然資源寶庫，擔任多元而重要的角色，然而並非取之不盡、用之不竭。

海洋等於人類的海鮮倉庫？

臺灣人愛吃海鮮，根據聯合國糧食及農業組織 (Food and Agriculture Organization of the United Nations, FAO) 統計 (2016)：臺灣每人每年吃下約 35 公斤海鮮，高居世界排名第四名，且高於全球平均值約一倍。

臺灣人熱愛的「海鮮文化」就等同「海洋文化」嗎？占地球表面積約 71% 的廣大海洋，只能提供人類大量海鮮食物嗎？如果有一天，魚類被人類捕捉殆盡、海洋環境改變至無法恢復時，對地球、人類會造成什麼影響？只是無魚可吃而已嗎？

海洋除了供給海鮮，還扮演著多樣角色。尤其在人類面臨人口爆炸、資源短缺、環境汙染等危機的當前，若能善用海洋這個巨大天然寶庫，可以替人類的現在與未來開展，提供豐富的資源。

海洋給了我們什麼？

海洋占地球表面積高達七成，蘊含大量資源與多樣功能，如日常生活所需的鹽或海鮮、夏日休閒海水浴場、經由海洋運輸的進出口貨物等。大海除了提供具體有形的物資，也具備許多無形的功能。

地球的天然「氣候調節機」

海水是地球氣候平衡的重要因子，海水與大氣之間存在大量的熱能和水汽交換。占地表水約 98% 的海水吸收太陽輻射能量，在天熱時儲存多餘熱量，天冷時釋放出熱量，如此循環不已，保持海洋與陸地的熱能循環與平衡。

此外，地表降水多來自海洋：廣大海面蒸發大量水汽，經過水循環再降雨於陸地上，供給陸地人類各項水資源。水資源較少的區域如中亞地區，距離海洋遙遠，因此降雨量少而形成沙漠氣候。當空氣中水汽量少時，陸地的吸熱、散熱能力皆大（即比熱小），造成該地日夜溫差與季節溫度變化皆大。臺灣則有四面環海的海島條件，四季都有來自海洋的季風吹拂，替我們帶來豐沛的降雨量及溫和的季節氣溫變化。

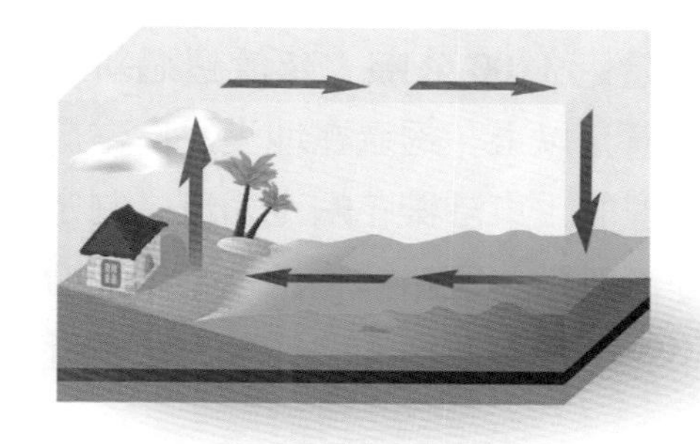

圖 8–2　海陸之間的熱能循環與平衡——天熱時海水吸收多餘熱能，天冷時則釋出熱能，維持地表溫度平衡。

人類食品來源

海洋漁業供給全球約 22% 的動物性蛋白質，各式魚、蝦、貝類、藻類等海洋動植物是人類重要的食物來源。各國捕撈漁業及鹹水、淡水養殖漁業提供產業發展及漁民經濟收入。

以臺灣屏東東港櫻花蝦為例，每年產量近 1200 公噸，產值超過新臺幣五億元以上。透過在地漁民自主自律管理的「東港櫻花蝦產銷班」制定合理漁船數、每船捕獲量、半年捕撈與半年禁捕等永續漁業經營方法，近年來，東港櫻花蝦的產量、價格穩定，成為東港三寶——黑鮪魚、櫻花蝦、油魚子——之一，也成功外銷日本賺取外匯。

圖 8–3　屏東東港三寶之一的櫻花蝦——正名為「正櫻蝦」，由於發光特性，又有發光櫻蝦等名稱。在臺灣、日本都是稀有的漁業資源。因其稀有性，臺灣也常稱為國寶蝦。

海洋生物除了直接提供食用，還常作為醫藥保健食品，如坊間常說「魚肉含 DHA，多吃會變聰明」、「魚油富有 Omega-3 不飽和脂肪酸，可預防心血管疾病」等。海洋孕育超過二十萬種生物，亦保有多樣基因。如同人類已知保護雨林便可保存基因庫，以供未知的未來使用；保護海洋生物品種也能保存大量基因，作為海洋生物醫藥等產業未來發展的基石。

海洋生物資源豐富，若能兼顧生態平衡，不過度捕撈或破壞棲地環境，則海洋生物便能生生不息、循環不已，為人類提供大量且永續、可更新的資源。

礦產及能源的天然寶庫

隨著陸地資源日漸枯竭，占地球表面積超過 70% 的海洋可提供海洋能源、海洋化學資源、海洋地質資源等，產生巨大經濟價值、增進人類當前及未來福祉。

海水含有大量鹽分，人們取引海水後，經過日曬法、煮鹽法或機器透析等方式，可從海水中取得鹽巴，是烹調食物的重要佐料。海鹽也含有鈉、鈣、鎂、鐵、鉀等維持人體機能正常運作的必需礦物質。因此，鹽是人們日常生活不可或缺的重要物質。海鹽除了應用在日常生活之中，更是農業、漁業、工業上的重要原料，用途廣泛。

早期，臺灣西海岸的嘉義布袋、臺南七股以海水日曬法取鹽。2002 年，因臺灣氣候多雨、生產成本高及加入 WTO 開放市場等因素，臺鹽公司關閉各日曬鹽場，轉而使用澳洲進口粗鹽原料製造工業用鹽。民生用鹽則在苗栗通霄的精鹽廠生產，汲取天然海水後，經由科技機具過濾透析而成。除了海鹽，海洋中還蘊藏廣大海底石油、天然氣與各式化學元素，極具經濟、科技價值。

圖 8–4　臺南七股鹽田——七股鹽場是臺灣鹽業史上最大的日曬鹽場，也是最後一個。全盛時期每年可產鹽 11 萬噸，主要供應國內農工業用鹽。隨著時代變遷，於 2002 年畫下句點，今轉型為觀光景點。

海洋能源是利用海洋物理現象轉換成人類所需電能，如海流發電、潮汐發電、波浪發電、溫差發電等。一如前文所述，目前海洋能發電尚在研究發展之中，臺灣深具各項海洋能發電潛力，例如運用東岸黑潮來發展海流發電、新竹彰化沿岸潮差大可供潮汐發電、東部海水表層與下層海水溫差大可供溫差發電等。雖然這些海洋能發電方式的開發成本高、生產技術尚未成熟，然而研究、開發可循環更新的資源，供給未來發展使用，是地球永續發展的根基。

臺灣海峽的風力資源被公認是全世界最好的風場之一，政府正在大力推動離岸風力發電機的建置。雖然離岸風機並沒有用到海水或海流，但運用具有地形優勢的海域周邊空間架設風力發電機，亦是海洋提供給人類的重要資源。

廣大交通運輸路線

海洋運輸是國際貿易最主要的運輸方式，和公路、航空相比，海洋運輸的運載量大，可日夜連續航行，運輸里程遠，單位運輸成本低。雖然航海的速度較飛機慢、所需時間較長，但海運還是低價大宗貨物的最佳運輸選擇。1960 年代開始使用貨櫃裝載物品，利用貨櫃箱的規格化、標準化特性，可大量堆疊在貨櫃船上，再搭配上船前、下船後的卡車或火車等陸上交通工具，提供更廉價的大量運輸方式，因此也改變了生產的區位空間分布。

臺灣的長榮海運、陽明海運、萬海航運是國際知名貨櫃船隊。長榮海運排名世界前十名，而陽明海運、萬海航運也都在前二十名之列。

除南極大陸外，全球各大洲之間的海底表面鋪設有大量海底電纜線，提供早年的電報通訊、電話通訊，以及目前最重要的網際網路通訊，如現今常用的 Facebook、YouTube、海外實況轉播、國際電話等，都需要這些電纜線傳送數據訊息。由於通訊衛星昂貴且速度較慢、品質較差，全球 99% 的國際通信是透過成本低、速度快的海底電纜傳送。臺灣宜蘭頭城、新北淡水、屏東楓港鋪設有多條國際海底電纜線，可連結世界各地，提供高品質和高速率通信。

休閒遊憩好去處

「陽光、沙灘、海水」，海天一色的蔚藍風光令人心情放鬆、自在悠閒，因此許多人喜歡親近海洋，到海邊賞景、運動、遊覽。海洋給了人們寬闊的場域，可以進行多元化的運動、活動，也提供了海洋休閒觀光產業發展的空間。

圖 8–5　臺灣長榮海運貨櫃船——長榮集團旗下的長榮海運為臺灣第一大海運公司，海運網路遍及全球至少一百一十四個國家，與陽明海運、萬海航運並列為「臺灣三大航運公司」。

圖 8–6　過漁危機──過度捕撈、捕捉方式不當等而使漁獲資源面臨耗竭，是全球共同問題。

海洋怎麼了？

海洋提供人類各式資源，然而其環境卻在人類過度使用與忽略保育的情況下遭受破壞。隨著海水的流動與擴散，海洋環境問題將須由全球各地共同承擔，無一倖免。無法復原的海洋破壞將使地球發展無以為繼，遺害後代。

過漁危機

「過漁」(Overfishing) 即「過度捕撈」，指捕撈的漁獲量超過每年增加的資源量。隨著世界人口成長、經濟快速發展，全球對於漁產需求大幅增加；加上漁業科技進步，大量且快速的捕魚方式讓生物來不及繁衍成長就被捕抓。每年捕撈的漁獲量大於生物自然繁殖生長的數量，從漁民所抓的魚越來越小、越來越少即可看出此現象。

過漁的另一原因是「誤捕」、「一網打盡」。例如：臺灣市場上常見的「魩仔魚」、「魩鱙」是魚苗或各種小型魚統稱，其捕撈管理有「魩鱙漁業」相關規定，若能確實執行，包含落實禁漁期、限漁區、漁具限制、漁船噸數及漁獲總量的管制等，便能減少混獲到經濟性魚類的小魚，並僅捕捉小型、壽命短的鯡科和鯷科等少數幾種魚類。在不過量捕撈的情況之下，既能維持生態永續，又可支援漁民經濟收入，亦能滿足消費所需，互蒙其利。

以臺灣屏東東港的黑鮪魚（太平洋黑鮪魚）為例，縣政府於 2001 年推出「屏東東港黑鮪魚文化觀光季」行銷觀光，促成消費者、觀光客大

圖 8-7　白化的珊瑚——白化是珊瑚的病理表徵，海水溫度過高、鹽度及化學反應變化等皆為可能導因。

吃黑鮪魚的風潮，引發漁民過度捕撈而造成漁獲量迅速下降。短短四年，黑鮪魚捕獲量即降至半數：1999 年約一萬三千尾，2002 年減少至約五千三百尾。目前，該活動已轉型為推廣東港三寶——黑鮪魚、櫻花蝦、油魚子，以分散、降低黑鮪魚因過度消費而導致的過漁問題。

海洋酸化

海水及海洋浮游植物可溶解、吸收空氣中的二氧化碳，讓二氧化碳在大氣、海洋與陸地之間循環，即為碳循環，是維持地球上氣體平衡循環的重要作用。

工業革命後，人類大規模砍伐森林，大量使用煤、石油、天然氣等石化燃料，使得人為二氧化碳排放量大為增加。除了引發全球暖化外，也導致海洋吸收大量二氧化碳，讓 pH 均值約 8.2～8.1 的海水酸鹼值逐漸降低變酸，稱為海洋酸化 (Ocean Acidification)。除了二氧化碳，沿近海域因為各種環境汙染，造成近岸海水酸化比外海嚴重三倍以上，且酸化速度比世界平均值更快。

海洋酸化會對海洋生態系造成嚴重影響。酸化會加速碳酸鈣的溶解，造成碳酸鈣殼體及骨骼的海洋生物，例如牡蠣、蛤、海膽、淺水珊瑚、深水珊瑚等殼體骨骼變薄或死亡。透過食物鏈的影響，以這些生物為食的其他物種，或生活於珊瑚礁生態系的生物，終究皆難逃海洋酸化引發的海洋生態系統崩壞危機。擴之所及，對人類的漁業、休閒觀光產業等經濟活動，以及海洋食物來源都形成嚴重的衝擊。

圖 8–8　海洋垃圾問題——大海長期被人類當作大型垃圾場，累積了大量不會自行消失的人工廢棄物。

超大型垃圾場

人類常將廣大無垠的海洋視為陸地的大型垃圾場，將廢水、垃圾及各式汙染物往大海裡丟，以為廣大海洋會讓各式廢棄物消失無蹤，海洋擁有自淨能力會讓一切問題自然解決。但是，近年來常可觀察到海岸堆積了大量垃圾、各式生物遭受廢棄物殘害（誤食或纏繞）、海洋生物體內毒物累積等問題，人類應重視此議題並有所行動。

以前文提到的美國藝術家克里斯・喬登拍攝的中途島信天翁為例，喬登在太平洋中央的無人荒島觀察到信天翁大量死亡，在原地打開鳥屍肚子，發現了滿滿的塑膠垃圾。中途島周圍海面及海岸分布了各式塑膠垃圾，信天翁覓食時極容易誤食。甚至，母鳥撿拾塑膠瓶蓋、打火機（別忘了，其中約有 14.1% 的打火機來自臺灣）碎片等餵食雛鳥，小小信天翁的肚子裡也填滿塑膠垃圾，來不及長大即死亡。

臺灣四面環海，周圍海域容易出現船舶擱淺漏油狀況，造成附近海面、海岸嚴重汙染。例如 2016 年 3 月，新北石門海域發生德翔臺北輪擱淺事件：船身斷裂造成燃料重油外洩，汙染鄰近海岸近 2 公里，空氣中瀰漫刺鼻油臭味，嚴重衝擊當地沿岸漁業、觀光業及生態資源，耗時三個月以上才清除岸際油汙，生態復原則須更久時間。

圖 8-9　海岸人工化問題——例如消波塊具有耗資卻無法治本、破壞海岸線景觀的爭議。

海岸人工化

臺灣地狹人稠，四面環海，隨著經濟快速發展、人口大量增加，使得海岸土地大量被開發。為了保障海岸安全，在本島約 1200 公里的海岸線中，已高達約 56% 為人工海岸。也就是說，臺灣天然海岸的沙灘、潮埔、珊瑚礁、藻礁常因人為開發建設而消失。我們的海岸線分布了大量的堤防、港口、消波塊、養殖魚場、大型工業區、電廠、垃圾場等，不僅造成生態衝擊，破壞海岸線景觀，也阻隔人們親近海洋的機會，更讓國土出現難以預測的變動。

以人工海岸常見的消波塊為例，原是以大型水泥塊吸收海浪能量來保護海岸、防止陸地水土流失，若能適地適量使用則立意良好、效果佳。但是，某些海浪衝擊較嚴重的地帶，每年大量投放成本每顆數萬元的消波塊，卻在短時間被侵蝕消失，年復一年重複投放。以「人定勝天」的精神，耗用高額經費，卻治標不治本。或許該試採「人順應天」的原則，保留沙灘、溼地、紅樹林、珊瑚礁等原本就是陸地與海洋的交界地貌，發揮自然的抗浪能力，維持海岸充滿生機的天然環境。

我們可以為海洋做什麼？

海洋是地球維生系統不可分割的一部分，也是所有生命的珍貴資產。在人類大量開發使用海洋資源的現在，必須嚴格控制資源開發強度，讓使用量維持在資源可更新循環的範圍內，防止因過度開發而造成海洋環境不可逆的變化及破壞，以確保海洋資源能夠永續運用。「愛海洋」，坐而言不如起而行，我們可從自身周遭舉手可行的小事開始實踐，再逐漸影響他人，形成團體共識力量，成就保護海洋、永續海洋的理想。

吃對海鮮

臺灣人愛吃魚，也應該要懂得吃魚。在餐廳吃魚或是逛市場買魚做選擇時，消費者已經開始影響海洋生物生存或死亡、永續或滅絕的發展。消費者「買對魚」，能促使漁民「捕對魚」；「沒有買賣就沒有殺害」，消費者可以多方涉獵各種魚的相關知識。臺灣海洋大學黃之暘教授提出理想的「食魚文化」，如下所示。

鼓勵永續捕撈與養殖，減少碳足跡。

吃當季

品嚐海鮮最佳風味，讓魚種休養生息。

吃適量

減少特定魚種滅絕危機。

慢慢吃

細嚼慢嚥，享受鮮味。

碳足跡 (Carbon Footprint) 是指一個產品在整個生產、保存、運送的週期中，直接、間接產生的二氧化碳排放量。選擇在地、當季魚食，可減少遠距離運輸里程的交通工具碳排放量，及長時間冷凍冷藏所需消耗的能源，以求降低二氧化碳排放量，減緩全球暖化。

聰明選擇永續吃魚之道，身為消費者的我們，可以從市場端的銷售來影響漁產的捕獲與生產。兼顧海鮮美食的品嚐、海洋資源的永續，才能讓地球、海洋與人類互利共生，長長久久有魚吃，世世代代永續發展。

慢魚運動

慢魚運動 (Slow Fish) 起源於義大利，提倡食魚不只是「吃飽」、「速食」而已，人們應該要「慢慢吃魚」，連帶使漁民可以「慢慢捕魚」：使用永續漁法，捕當季、捕適量，兼顧生態、生物資源平衡循環，以長遠福祉取代短期獲利。

消費者應該要多接觸魚產資訊、多學習各項海洋生物的知識，如認識魚的種類、知道這種魚的生態情形、了解魚從哪裡來、被捕撈的方式等。去思考海鮮與人，以及與海洋之間的關係，並選擇購買適當適量的海產。除此之外，亦應珍惜得來不易的食材，認真烹煮以增加美味；當海鮮端上桌時，慢慢品嚐、享受珍貴美食。透過這種愛物惜物的飲食生活態度，吃適量、吃美味，讓海鮮飲食與海洋環境互利共生，永續平衡。

例如，你吃魚翅嗎？若你對魚翅生產一無所知，在喜宴上看到魚翅羹時，應該會認為這是昂貴而珍稀的一道佳餚。但是，若你知道事實——遠洋漁船捕獲鯊魚時，為了節省冰存空間，常將鯊魚割鰭後丟回海中任其死去——這或許會促使你拒吃魚翅，不因自己的無意無知，成為傷害生物、破壞生態的一分子。

慢魚運動提醒大家要懂魚、知魚、吃在地、吃當季、會說魚的故事、學會慢慢吃魚。多花一分心力去認識自己所選擇、購買、吃下肚的魚，認真看待、慢慢品嚐、用心體會，將飲食提升至文化層次：除了維持生命、滿足口腹之欲外，也能成為落實理念的日常實踐行動。

平時可多涉獵各項漁產相關知識，例如《臺灣海鮮選擇指南》提供實用的選魚知識。買魚時可多詢問攤商有關魚的產地、是否當令等資訊。商品若購自超市，則可參閱產品標籤、認證標章等資料。例如，臺灣目前已有廠商推出「責任漁業指標RFI」標章，清楚列出產地、漁法、生態位階、資源回復力等資料，提供消費者選購時的考量指標（分數越低，永續指數越高）。

透過購買選擇，可影響漁產的捕獲及生產，是大眾愛護海洋的最佳實踐方式之一。

永續海鮮——臺灣海鮮選擇指南

購買海鮮時，我們究竟該如何選擇呢？臺灣中研院學者邵廣昭、國立海洋科技博物館學者廖運志等人研究製作的《臺灣海鮮選擇指南》，提供了消費者購買海鮮的基本原則。本文略加刪減、調整，舉例說明如下：

1. **多買養殖魚**，如：養殖香魚、養殖烏魚。**少買海洋捕撈魚**，因野生魚類已經越來越少。
2. **多買養殖的吳郭魚（臺灣鯛）、虱目魚等**，因其餌料為植物性餌料。**少買養殖的蝦、鮭、鮪**，因其餌料為魚粉或下雜魚。
3. **多買量多的常見種**，如：白帶魚、吳郭魚。**不買量少的稀有種**。
4. **多買銀白色魚種**。**不買有色彩的魚種**，如：鸚哥魚、蝴蝶魚、粗皮鯛、金鱗魚、雀鯛、海鰻等色彩豐富的珊瑚礁魚類，其成長速度慢卻遭過度捕撈，野生數量遽減。
5. **多買食物鏈底層的海鮮**（底食原則），如：養殖牡蠣（蚵仔）、養殖蛤蠣（文蛤）、秋刀魚。
6. **不買長壽的大型掠食魚**，因汞等重金屬量高，如：黑鮪魚、鯊魚。
7. **不買遠道而來的海鮮**，因其運送及保存過程耗能，如：大西洋鮭魚、圓鱈。

8. 不買使用非永續漁法撈捕的漁獲，
如：用底拖網「一網打盡」大小魚，造成生態浩劫。

《臺灣海鮮選擇指南》將臺灣常見的六十六種海產分為「建議食用」、「斟酌食用」（盡量避免或少量食用）、「避免食用」三類，條列成因並以照片清楚呈現，資料豐富且實用。本文簡列在臺灣日常生活中，平價、常見於餐桌上的海鮮種類如右圖。更多魚類資料、詳細原因可直接參閱《臺灣海鮮選擇指南》：

http://fishdb.sinica.edu.tw/seafoodguide

看完以上建議，你可能會心生困擾，認為「都不要吃好了」。凡事過猶不及，只要「吃適量、慢慢吃」，不大吃大喝浪費資源，不持撈本心態，珍惜食物、感謝seafood，就能持續保護海洋資源、與海洋和平共處。

建議食用／綠色海鮮

吳郭魚、虱目魚、養殖烏魚、香魚、鯉魚、鰱魚、蛤蠣、牡蠣、櫻花蝦、竹筴魚、透抽、軟絲、白帶魚

斟酌食用／橘色海鮮

鮭魚、鮪魚、鱈魚、旗魚、土魠、養殖石斑、白鯧、肉魚、曼波魚、鱸魚、海鱺、鯖魚、黃魚、鬼頭刀、馬頭魚、午仔、黑鯛、海蝦、紅蟳、花市仔

避免食用／紅色海鮮

烏賊（花枝、墨魚、目賊）、圓鱈、黑鮪魚、鯊魚（魚翅）、鰻魚、野生石斑、野生烏魚（烏魚子）、海馬、珊瑚礁魚類

已列入保育｜隆頭鸚哥魚、蘇眉、鯨鯊

圖 8-10　海鮮食用分級

海鮮之外的海洋永續行動

參與淨灘與執行減塑

海洋廢棄物汙染嚴重，臺灣海灘常被大量垃圾占據，與其坐在書桌前怪罪一切，不如參與改變，去參加或舉辦淨灘活動吧！臺灣每年舉辦許多淨灘活動，眾多參與者歷經彎腰撿拾、身處惡臭、永遠撿不完的過程，才體認到「從源頭防止垃圾產生」，遠勝於事後的淨灘補救。

參與或舉辦淨灘活動時，可參考或加入「國際淨灘行動」(International Coastal Cleanup, ICC)。ICC 由美國海洋保育協會 (The Ocean Conservancy, TOC) 在 1986 年發起，推廣在每年的國際淨灘日（9 月的第三個星期六）進行淨灘行動。除了清理海灘垃圾之外，還要紀錄分析垃圾的來源、種類與數量，登錄於 ICC 的共同格式表單中，上傳至美國 ICC 辦公室。透過世界各地的 ICC 淨灘行動資料，可彙整大量全球海洋廢棄物數據以供分析、比較，有助於進行全球垃圾減量、汙染問題解決、政策制定等議題推動。

圖 8–11　2011 年國際淨灘日的 ICC 淨灘行動——圖中地點位於南美洲委內瑞拉的 (Venezuela) 瓜伊拉海灘 (La Guaira beach)。

臺灣ICC淨灘行動由黑潮海洋文教基金會發起，協同臺南社區大學、臺灣環境資訊協會、中華民國荒野保護協會、國立海洋科技博物館共五個非營利組織，組成「臺灣清淨海洋行動聯盟」（簡稱淨海聯盟）(Taiwan Ocean Cleanup Alliance, TOCA) 共同推廣。除了每年9月配合國際淨灘行動，收集整理國內資料傳送給TOC，在全年各時間亦沿用臺灣版的ICC紀錄表格，以收集、統計、分析臺灣地區的海洋廢棄物資料，提供各式環境教育資訊及推動防治政策法令制定，維護臺灣的良好海洋環境。

TOCA各組織常在臺灣各地舉辦淨灘活動供大眾報名參加。若想自行規劃進行淨灘活動，則可參考TOCA編輯之《ICC淨灘召集人操作手冊》，手冊中詳述舉辦淨灘活動的流程與注意事項；還可使用2016年修訂的「臺灣ICC國際淨灘行動紀錄表」❶來進行海洋廢棄物分類與數量紀錄；並可將每次淨灘成果登記上傳到「愛海小旅行」網站❷，建立臺灣定期監測海洋廢棄物的大數據。

淨灘活動對於海洋環境保護僅能治標，要減少海洋廢棄物，還是需要由垃圾減量做起。根據TOCA統計資料分析，臺灣的海洋廢棄物多來自民生用品中的「一次性塑膠用品」，如塑膠袋、免洗餐具、吸管、飲料瓶、瓶蓋等，這些是否就是大家日常生活中大量使用並隨之丟棄的物品？若可以重複使用物品，如自備環保餐具、環保杯、環保吸管等，取代或減量使用「一次性塑膠用品」，才能更積極的從源頭減少海洋垃圾的產生。

註解

❶可至TOCA各組織，如黑潮海洋文教基金會網站下載《ICC淨灘召集人操作手冊》：
http://www.kuroshio.org.tw/newsite/article_02.php?class_subitem_id=108

以及「臺灣ICC國際淨灘行動紀錄表」：
http://www.kuroshio.org.tw/newsite/article_02.php?class_subitem_id=107

❷「愛海小旅行」網站連結：
http://cleanocean.sow.org.tw

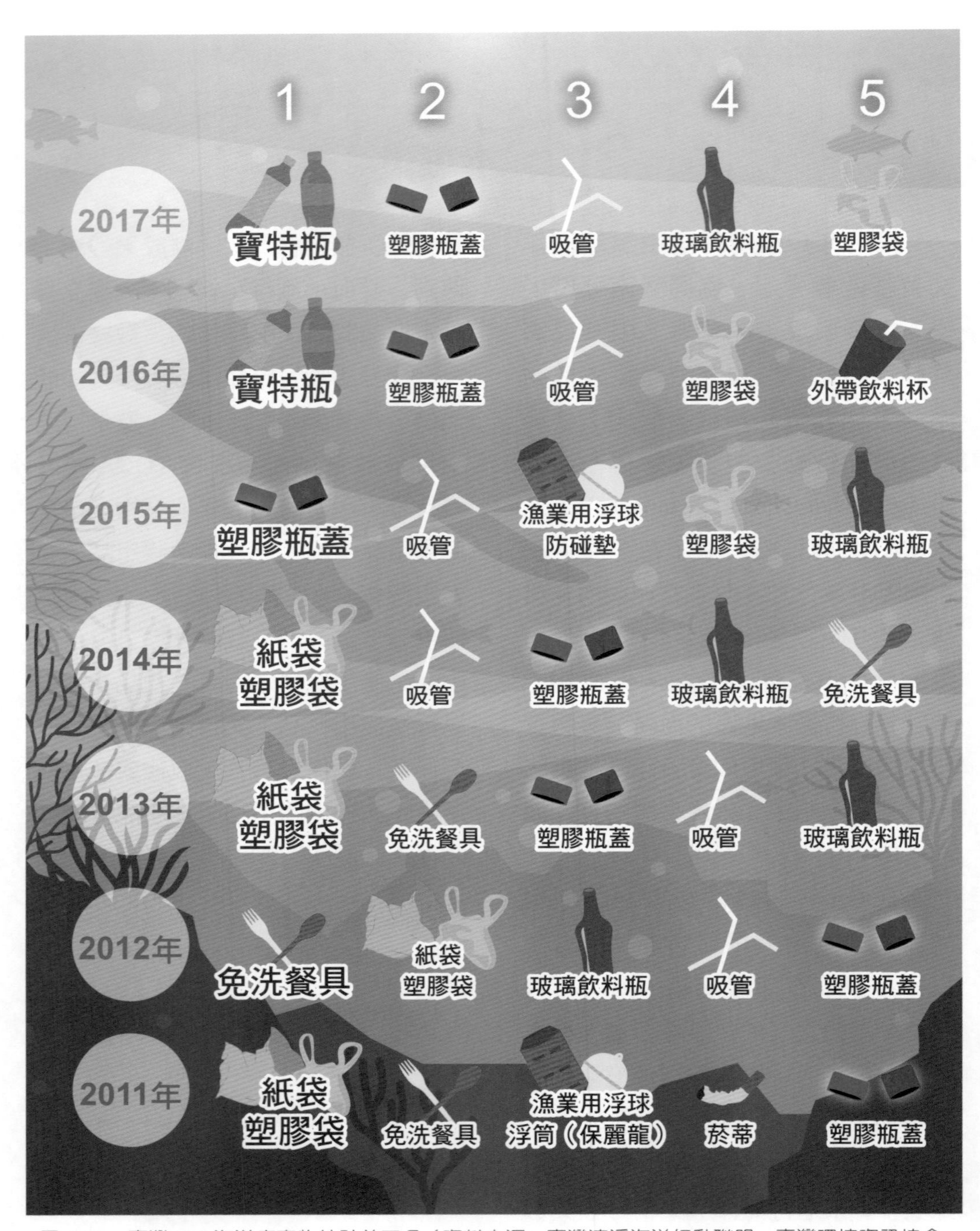

圖 8-12　臺灣 ICC 海洋廢棄物統計前五名（資料來源：臺灣清淨海洋行動聯盟、臺灣環境資訊協會，2011–2017）

支持海洋保護政策

為了挽救海洋環境、保護海洋生態，劃設海洋保護區禁止人為干擾是最有效的方法之一。以臺灣屏東後壁湖為例，2005年後壁潟湖區成立「後壁湖海洋資源示範保護區」，透過海巡人員與國家公園警察的嚴格取締、認真執法，加上當地民眾、社區巡守員的支持協助，後壁湖著名的「馬糞海膽」復育有成，珊瑚礁區的魚群種類、數量大為增加。其豐富的海洋生態也提供觀光客前來潛水、半潛艇賞魚等觀光活動資源，兼具保育與觀光功能。若前往後壁湖，應遵守當地保育行為規範，如禁止垂釣、禁止改變地形地貌、禁止汙染水源等，尊重當地，也為海洋永續盡一己之力。

起身行動

隨著陸地人口增加、資源短缺、環境汙染，近三、四十年來，各國積極運用科技大規模開發、利用、爭奪各項海洋資源，對海洋造成的改變，遠超過歷史上數千年來的海洋開發史，讓海洋的未來岌岌可危。因此，各界進行研究、教育，提醒大眾關注海洋議題，建立海洋資源永續使用的共識：透過合理開發、減少人為破壞，維護海洋環境的永續。

認知面的知識相對易於建立，更重要的是，每個人能各司其職，在自己的角色中善盡能盡之責，實踐保護海洋的想法與行動。多學習及關注各項海洋知識，別讓自己的「無知」成為海洋殺手、幫凶之一。付諸行動，在生活中實踐「慢魚運動」、「永續海鮮」、「環保減塑」、「政策理念支持」等，讓自己的良意善念有所落實。更可推廣自己的護海生活理念，影響群眾、擴大作用力量。甚至在未來進行海洋相關研究、投入相關產業。心懷「知海、愛海、親海」意識，與海洋互利共存，確保海洋發展得以永續永存。

我思✕我想

1 ▶ 除了文中所提，海洋資源以及當前重要的海洋問題／危機還有哪些？請試著查找資料，想一想這些海洋資源、問題與危機，和你的關連是什麼？

2 ▶ 請觀察、記錄你家或你自己一週的海鮮飲食情形，並參考《臺灣海鮮指南》，思索這樣的飲食方式可能對永續海鮮產生的影響。

註：(1) 若商品購自超市，從產品標籤較易清楚得知海鮮資料、產地。另可注意是否有認證標章，如「責任漁業指標 RFI」（分數越低，永續指數越高），雖不普及，但已有臺灣廠商重視此議題。(2) 進口或外地捕撈漁獲皆經急速低溫冷凍，傳統市場的外地大型魚類，如鮭魚、鱈魚為解凍商品，購買後應儘速食用，不宜再度冷凍。

3 ▶ 看似「效益」較低的、以個人之力徒手進行的淨灘活動，何以在世界各地蔚為風潮？它的效益真的較低嗎？

思考之餘，請起身行動：請嘗試參與、規劃執行一個淨灘活動，或任何與海洋永續相關的實際行動，並與身邊的人分享。

註：若選擇參與淨灘，可參考以下網路資源，選擇自己想要的形式。
(1) 荒野保護協會「關於淨灘的二三事」
(2) 荒野保護協會「愛海小旅行」
(3) 交通部觀光局北海岸及觀音山國家風景區「我愛淨灘」
(4) 黑潮海洋文教基金會「ICC 海洋廢棄物監測」
(5) 台江溼地學校「戶外教學／海海人生」
或至黑潮海洋文教基金會下載《ICC 淨灘召集人操作手冊》、「臺灣 ICC 國際淨灘行動紀錄表」，依步驟進行。

參考資料

導　論

- 教育部 (2007)。海洋教育政策白皮書。臺北：教育部。
- 吳靖國 (2011)。海洋教育與故事教學。載於吳靖國（主編），海洋教育：海洋故事教學。高雄：麗文。
- 吳靖國 (2017)。對臺灣高中海洋教育的省思與建議。臺灣教育評論，第 6 卷第 12 期。
- 吳靖國 (2016)。從海洋專業教育問題省思海洋普通教育的發展。臺灣教育評論，第 5 卷第 8 期。
- 吳靖國、許育彰、張正杰 (2014)。十二年國教海洋能源模組化特色課程研發之啟示。教育資料與研究，115 期。
- 教育部綜合規劃司 (2017)。海洋教育政策白皮書。取自 https://ws.moe.edu.tw/001/Upload/3/relfile/6315/55805/40f900df-a70b-4e1f-847f-e53ed94b4c77.pdf

1 海洋休閒

- 大前研一（著）、陳柏誠（譯）(2013)。OFF 學：愈會玩，工作愈成功。臺北：天下雜誌。
- Josef Pieper（著）、劉森堯（譯）(2003)。閒暇：文化的基礎。臺北：立緒。
- 許振明 (2012)。海洋運動與休閒。科學發展，475 期。
- 黃聲威 (2006)。當前臺灣海洋休閒教育之探究。教育資料與研究，70 期。
- 林聯章 (2003)。創意的人生——休閒生活的安排。T&D 飛訊，第 6 期。
- 范雪凌 (2000)。海洋環境教育概念階層表之建構及中小學教科書涵括海洋概念之研究。高雄：國立中山大學海洋環境及工程研究所碩士論文。
- 偷泥衝浪教室 (2007)。衝浪歷史——臺灣人體內擁有衝浪基因。取自 http://www.surftw.com/2007/06/blog-post_24.html

2 海　權

- 姜皇池 (2018)。國際海洋法。臺北：新學林。
- Alfred Thayer Mahan（著）、何黎萍（編譯）(2015)。圖解大國海權。北京：北京理工大學。
- Bill Hayton（著）、林添貴（譯）(2015)。南海：21 世紀的亞洲火藥庫與中國稱霸的第一步？臺北：麥田。
- 姜皇池 (2013)。國際公法導論。臺北：新學林。
- 莊慶達、李健全、游乾賜、黃向文、碧菡 (2013)。海洋事務概論。臺北：五南。
- 行政院海岸巡防署 (2012)。海洋事務法典。臺北：行政院海岸巡防署。
- S-link 電子六法全書 (2018)。聯合國海洋法公約。取自 http://www.6law.idv.tw/6law/law2/ 聯合國海洋法公約 .htm
- 中央通訊社 (2016)。南海仲裁案結果公布　中英文全文看這裡。取自 https://www.cna.com.tw/news/firstnews/201607125023.aspx

- 外交部 (2016)。中華民國外交部對「南海仲裁案」之立場。取自 https://www.mofa.gov.tw/News_Content.aspx?n=8742DCE7A2A28761&s=2FE266654F43DD5C
- 自由時報 (2016)。海牙仲裁法院　五大不可不知。取自 http://news.ltn.com.tw/news/focus/paper/1009556
- 尹章華 (2007)。群島國制度和島嶼制度。臺灣法律網。取自 http://www.lawtw.com/article.php?template=article_content&job_id=130483&article_category_id=2028&article_id=64740

3 海洋產業

- 臺灣海洋教育中心 (2018)。海洋職業生涯宣導手冊（高中版）。基隆：國立臺灣海洋大學臺灣海洋教育中心。
- 後久博（著）、中衛發展中心（譯）(2013)。開發暢銷商品之探索與分析：六級產業化、農商工合作的新創商業模式。臺北：中衛。
- 洪志銘 (2010)。臺灣海洋產業範疇研擬與初步分析。全球臺商 e 焦點，156 期。
- 莊慶達、宋燕輝、張桂肇、蕭堯仁 (2015)。建構我國海洋政策之「藍色經濟」概念與推動策略之研究。國家發展委員會委託研究報告。基隆：國立臺灣海洋大學。
- OECD (2016). Chapter1: An overview of the ocean economy: Assessments and recommendations. The Ocean Economy in 2030. Paris: OECD

4 海洋文化

- 戴寶村 (2018)。海洋臺灣歷史論集。臺北：吳三連臺灣史料基金會。
- 花亦芬 (2017)。像海洋一樣思考：島嶼，不是世界的中心，是航向遠方的起點。臺北：先覺。
- 鄭愁予 (2014)。鄭愁予詩集 I。臺北：洪範。
- 廖鴻基 (2013)。討海人。臺中：晨星。
- 廖鴻基 (2012)。鯨生鯨世。臺中：晨星。
- 戴寶村 (2011)。臺灣的海洋歷史文化。臺北：玉山社。
- 謝玉玲、劉向仁、許秦蓁、張長臺（編著）(2010)。臺灣現代海洋文選。臺北：三民書局。
- 余光中 (2007)。高樓對海。臺北：九歌。
- 廖鴻基 (2006)。海天浮沉。臺北：聯合文學。
- 余光弘 (2004)。雅美族。臺北：三民書局。
- 黃丁盛 (2003)。臺灣的節慶。臺北：遠足文化。
- 朱學恕、汪啟疆（主編）(2002)。二十世紀海洋詩精品賞析選集。新北：詩藝文。
- 遠流臺灣館 (2000)。臺灣史小事典。臺北：遠流。
- 楊牧 (1994)。楊牧詩集 I。臺北：洪範。
- 張高評 (2008)，海洋詩賦與海洋性格——明末清初之臺灣文學。臺灣學研究，第 5 期。

- 蔡秀枝 (2008)。廖鴻基《討海人》中的民間信仰與文化。海洋文化學刊，第 5 期。
- 吳旻旻 (2005)。「海／岸」觀點：論臺灣海洋散文的發展性與特質。海洋文化學刊，創刊號。
- 黃騰德 (2000)。從廖鴻基《鯨生鯨世》看臺灣的海洋文學。臺灣人文，第 4 號。
- 全球華文網路教育中心：臺灣節慶 http://media.huayuworld.org/local/web
- 臺灣原住民族資訊資源網 http://www.tipp.org.tw

5 海　流

- 張卉君 (2016)。黑潮洶湧：關於人、海洋、鯨豚的故事。臺北：網路與書。
- 范光龍 (2008)。海洋環境概論——談臺灣沿海環境。臺北：臺灣西書。
- Paul R. Pinet (2014). Invitation to Oceanography. Massachusetts: Jones and Bartlett.
- 簡雯潔 (2014)。萬年垃圾的行蹤！海洋塑膠垃圾帶的分布、成因及環境影響（上）。取自 https://www.geog-daily.org/morethanhuman/1

6 氣候變遷

- Co+Life（著）、陳翠蘭（譯）(2010)。100 個即將消失的地方。臺北：時報文化。
- 中國建築材料工業規劃研究院 (2010)。綠色建築材料：發展與政策研究。北京：中國建材工業出版社。
- 臺灣氣候變遷調適科技整合研究計畫團隊 (2017)。臺灣氣候變遷科學報告 2017——衝擊與調適面向。臺北：國家災害防救科技中心。
- 友達光電 (2016)。友達光電企業社會責任報告書。新竹：友達光電。
- 王漢國 (2014)。對聯合國 IPCC《第五次氣候評估報告》之解析與省思。戰略與評估，第 5 卷第 2 期。
- 戴昌鳳 (2008)。氣候變遷對海洋生物的影響。林業研究專訊，15-2 期。
- 李培芬 (2010)。氣候變遷對臺灣鳥類分布之影響。臺北：第 8 屆兩岸三院資訊技術交流與數位資源共享研討會。
- 陳文山 (2016)。末次最大冰期以來臺灣海陸變遷。國家地理雜誌中文版。取自 http://www.natgeomedia.com/column/external/44459
- 低碳生活部落格 (2014)。台達解讀聯合國第五份氣候變遷報告工作坊（2013 & 2014 兩場次會議資料）。取自 https://lowestc.blogspot.com/2014/03/2014.html
- 行政院環境保護署 https://www.epa.gov.tw
- 科技部災害管理資訊研發應用平台：氣候變遷之災害衝擊與調適 http://dmip.tw/Lthree/2017/riskadaptation/adaptation_info.aspx
- 臺灣環境資訊協會：氣候難民 https://e-info.org.tw/taxonomy/term/15643

7 海洋能源

- Andrea Fischer, Luiz Emílio B. de Almeida, Alexandre Beluco (2016). Converting

Energy From Ocean Currents. International Journal of Research in Engineering and Technolog, 5-3.
- Fraenkel, P. L.(2010). Development and Testing of Marine Current Turbine's SeaGen 1.2MW Tidal Stream Turbine. Bilbao: International Conference on Ocean Energy.
- 洪國鈞 (2018)。臺灣能源現況與多元發展。科技大觀園。取自 https://scitechvista.nat.gov.tw/c/sg6Q.htm
- 邱詠程 (2017)。再生能源的介紹。科技大觀園。取自 https://scitechvista.nat.gov.tw/c/sfzh.htm
- 黃于津 (2016)。有機錫對海洋環境的影響。科技大觀園。取自 https://scitechvista.nat.gov.tw/c/sZ33.htm
- 4C offshore(2018). Global Offshore Wind Speeds Rankings. https://4coffshore.com/windfarms/windspeeds.aspx

8 資源永續

- Taras Grescoe（著）、陳信宏（譯）(2018)。海鮮的美味輓歌：健康吃魚、拒絕濫捕，挽救我們的海洋從飲食開始。臺北：時報文化。
- 洪明仕 (2012)。海洋環境與生態保育。臺北：華都文化。
- Marc Levinson（著）、吳國卿（譯）(2009)。箱子：貨櫃造就的全球貿易與現代經濟生活。臺北：財信。
- 呂國禎、劉光瑩 (2017)。慢魚運動。天下雜誌，616 期。
- 余光華 (2011)。臺灣的鹽業發展。科學發展，457 期。
- 黃道祥 (2013)。綠色航運。科學發展，482 期。
- 彭杏珠 (2017)。無止盡向大海丟錢　打造 753 公里「黃金」海岸。遠見。取自 https：//www.gvm.com.tw/article.html?id=22808
- 白尚儒 (2016)。為什麼外國的鯖魚比較肥？環境資訊協會。取自 http://e-info.org.tw/node/115223
- 董東璟 (2016)。臺灣海洋廢棄物分布狀況。科技大觀園。取自 https://scitechvista.nat.gov.tw/c/sZ1X.htm
- 陳雅芬、賴威任 (2015)。祭黑鮪魚季——悼念黑鮪魚之死。黑潮海洋文化基金會。取自 http://www.kuroshio.org.tw/newsite/article_02.php?info_id=333
- 廖運志 (2015)。海鮮指南：全民永續海鮮行動。國家地理雜誌中文版。取自 http://www.natgeomedia.com/news/ngnews/16056
- 張玉欣。淺談慢食運動。社團法人臺灣慢食協會。取自 http://www.slowfood-taiwan.org/28154355272493039135369392 1205
- 吳岳剛。過漁之害。取自 http://ygwuphoto.com/the-threats-of-overfishing.html
- 交通部觀光局：生態之旅 https://www.taiwan.net.tw/m1.aspx?sno=0001038
- 教育部海洋生物資源發展永續課程：櫻花蝦 https://smbrcourse.wordpress.com/sergestidshrimp
- 責任漁業指標 http://www.rfi.org.tw/rsi.asp
- 臺灣海鮮選擇指南 http://fishdb.sinica.edu.tw/seafoodguide

圖片來源

- 目次、扉頁　ShutterStock
- 圖 1　三民書局（資料來源：吳靖國，2016）
- 圖 1–1　ShutterStock，三民書局編製
- 圖 1–2　三民書局
- 圖 1–3　ShutterStock
- 圖 1–4　三民書局
- 圖 1–5　ShutterStock，三民書局編製
- 圖 1–6　三民書局
- 圖 1–7　ShutterStock
- 圖 1–8　ShutterStock
- 圖 1–9　ShutterStock，三民書局編製
- 圖 1–10　ShutterStock
- 圖 1–11　ShutterStock，三民書局編製
- 圖 1–12　ShutterStock
- 圖 1–13　ShutterStock
- 圖 1–14　ShutterStock
- 圖 1–15　ShutterStock
- 圖 1–16　ShutterStock
- 圖 1–17　陳阿白 (Guanting Chen) 攝，取自維基百科
- 圖 1–18　三民書局
- 圖 1–19　ShutterStock
- 圖 1–20　ShutterStock
- 圖 1–21　Iconfinder，三民書局編製
- 圖 1–22　ShutterStock
- 圖 2–1　ShutterStock
- 圖 2–2　三民書局
- 圖 2–3　ShutterStock
- 圖 2–4　ShutterStock
- 圖 2–5　Nivix 提供，取自維基百科
- 圖 2–6　ShutterStock，三民書局編製
- 圖 2–7　三民書局
- 圖 2–8　三民書局
- 圖 2–9　日本國土交通省關東地方整備局京濱河川事務所
- 圖 2–10　中華民國內政部
- 圖 2–11　中華民國外交部
- 圖 3–1　三民書局（資料來源：洪志銘，2010）
- 圖 3–2　三民書局
- 圖 3–3　三民書局（資料來源：國發會，2015）
- 圖 3–4　三民書局（資料來源：OECD，2016）
- 圖 3–5　三民書局（資料來源：臺灣海洋教育中心，2018）
- 圖 4–1　ShutterStock
- 圖 4–2　三民書局
- 圖 4–3　三民書局
- 圖 4–4　Jean Baptiste Bourguignon d'Anuville 繪製，取自維基百科
- 圖 4–5　三民書局
- 圖 4–6　聯合報系提供
- 圖 4–7　聯合報系提供
- 圖 4–8　三民書局（資料來源：大甲鎮瀾宮，2018）
- 圖 4–9　ShutterStock
- 圖 4–10　ShutterStock
- 圖 4–11　ShutterStock
- 圖 4–12　ShutterStock
- 圖 4–13　ShutterStock
- 圖 4–14　ShutterStock
- 圖 4–15　ShutterStock
- 圖 4–16　ShutterStock
- 圖 4–17　聯合報系提供
- 圖 4–18　ShutterStock
- 圖 5–1　ShutterStock
- 圖 5–2　范文欣繪製
- 圖 5–3　范文欣繪製
- 圖 5–4　范文欣繪製
- 圖 5–5　范文欣繪製
- 圖 5–6　范文欣繪製
- 圖 5–7　三民書局

- 圖 5–8　范文欣繪製
- 圖 5–9　Forest Starr、Kim Starr 攝，取自維基百科
- 圖 5–10　范文欣繪製
- 圖 5–11　ShutterStock
- 圖 6–1　ShutterStock
- 圖 6–2　Blastcube 提供，取自維基百科
- 圖 6–3　范文欣繪製（資料來源：陳文山，2016）
- 圖 6–4　范文欣繪製（資料來源：陳文山，2016）
- 圖 6–5　范文欣繪製（資料來源：聯合國 IPCC，2013）
- 圖 6–6　ShutterStock
- 圖 6–7　ShutterStock
- 圖 6–8　ShutterStock
- 圖 7–1　ShutterStock
- 圖 7–2　ShutterStock
- 圖 7–3　阿爾特斯攝，取自維基百科
- 圖 7–4　ShutterStock
- 圖 7–5　ShutterStock
- 圖 7–6　Carnegie Wave Energy Limited 提供，取自維基百科
- 圖 7–7　P123 提供，取自維基百科
- 圖 7–8　Fundy 提供，取自維基百科
- 圖 7–9　U.S. federal government 提供，取自維基百科
- 圖 7–10　Erlend Bjørtvedt 攝，取自維基百科
- 圖 8–1　ShutterStock
- 圖 8–2　ShutterStock
- 圖 8–3　ShutterStock
- 圖 8–4　ShutterStock
- 圖 8–5　ShutterStock
- 圖 8–6　C. Ortiz Rojas 攝，取自 NOAA Photo Library
- 圖 8–7　J. Roff 提供，取自維基百科
- 圖 8–8　ShutterStock
- 圖 8–9　ShutterStock
- 圖 8–10　三民書局（資料來源：《臺灣海鮮選擇指南》，2018）
- 圖 8–11　ShutterStock
- 圖 8–12　范文欣繪製（資料來源：臺灣清淨海洋行動聯盟、臺灣環境資訊協會，2011–2017）

五大議題 × 專家學者

世界進行式叢書，從 108 課綱「議題融入」出發，打造結合「議題導向 × 核心素養」的跨科教學普及讀物。

取材生活中的五大議題「人權」、「多元文化」、「國際關係」、「海洋」、「環境」，邀請多位專家學者，針對每一種議題編寫 8 個高中生「不可不知」的主題。

8個你不可不知的
人權議題

李茂生　主編

本書從兒少、性別、勞動、種族、老人、障礙者、醫療、刑事司法等八個不同的領域，探討人權的意義與問題。期望透過本書，讓讀者明瞭人權不是用條文推砌而成的，而是一種人際關係間的感受，進而讓社會產生良善的效應。

8個你不可不知的
多元文化議題

劉阿榮　主編

文化，就是生活；生活百百種，文化當然也充滿各種可能。本書邀請你參加一場多元文化博覽會，以臺灣原住民族、漢人移民、新移民的故事揭開序幕，再將焦點放在中港澳、歐美、東亞、紐澳地區。你將會發現，各種不同的文化讓世界增添繽紛的色彩，而這些文化的保存與尊重，是所有人類的使命。現在就請帶著開放的心，參與這場文化盛會吧！

8個你不可不知的
國際關係

王世宗　主編

國際關係屬於政治課題，而政治是人際關係的一種表現，由此可見，國際關係是人際關係的擴大。那麼「國家」要如何和另一個「國家」進行交流呢？他們怎麼交朋友？彼此看不順眼時，要怎麼打架？打架過程中又要注意些什麼？本書透過8個議題，帶你細數近代國際局勢的分與合，呈現出強權之間的縱橫捭闔，小國如何在夾縫中求生存，一同瞭解今日國際關係是如何形成。

8個你不可不知的
環境議題

魏國彥　主編

人類會改變環境，也會被環境改變，地球就像是一個巨大的生命體，每天都跟我們的生活相互牽繫。地震來臨時有哪些非做不可的事？臺灣缺電，發展再生能源就是解決問題的萬靈丹嗎？每年都想換一支新的智慧型手機，會為世界另一端造成多大的危機？翻開本書，你會發現環境議題比你想像中更值得關切，不可不知！